北斗在天 用在身边

BeiDou
A Better Life

卢鋆 张爽娜 张弓 高为广 王威 著

人民出版社

序言 一

自 1994 年北斗一号系统启动建设，到 2020 年北斗三号全球服务开通，北斗卫星导航系统建设历经 26 年，走出了一条从无到有、从有到优、从有源到无源、从区域到全球的中国特色卫星导航系统发展道路。目前，北斗系统服务各行各业，走进千家万户，深刻改变着人们的生产生活方式，以北斗为核心的卫星导航与位置服务产业呈现高效益高质量发展态势。北斗系统已成为面向全球用户提供全天候、全天时、高精度定位、导航与授时服务的重要新型基础设施，成为推动经济社会发展的时空基石和重要引擎。

我常说，北斗系统的应用只受到想象力的限制，北斗系统应用只有想不到，没有用不到。现在，我们可以感受到，在北斗系统时空服务的支持赋能下，通信设施运行更加顺畅，电力系统安全更有保障，金融交易时间更加精准，交通出行更加快捷，共享单车管理更加规范、农机作业更加自动高效，灾害险情预报更加准确，物流分拣运输更加畅通。万物互联时代，北斗时空信息为经济社会数字化转型与提质增效注入强大动力，让人民生活更便捷、更精彩、更美好。

本书以“中华传统十二时辰”为主线，将不同时段的北斗典型应用穿插在一起，以主人公小北的视角，把北斗应用以身边故事的方式展示给读者，并为读者讲述独具特色的北斗服务以及支撑这些服务的北斗系统全貌，脉络清晰，设计精巧。本书作者团队由北斗系统建设与应用的亲历者和参与者组成，他们以实际工程与应用实践为基础，将北斗应用服务、应用场景、应用技术融入书籍创作，形式创新、行文流畅，相信会给读者带来耳目一新的感受。希望广大读者能通过阅读本书，更全面了解北斗系统的建设发展历程和创新能力，更真切感受北斗的多能服务和各领域各行业应用。

打造“中国的北斗、世界的北斗、一流的北斗”是北斗系统发展的初心，也是北斗人坚持不懈的使命追求。新时代呼唤新担当，新征程需要新作为。当前，我国正进一步发展多种定位导航授时技术，2035 年前，还将构建以北斗系统为核心，更加泛在、更加融合、更加智能的国家综合定位导航授时体系，形成陆海空天一体、室内室外无缝衔接的定位导航授时服务能力，为我国新时代“三步走”战略目标实现提供坚实支撑。让我们共同期待北斗未来发展的新愿景，共同努力发展精准泛在时空服务，为构建人类命运共同体、建设更加美好的世界作出更大贡献。

中国工程院院士 杨长风

2023 年 6 月

序言　二

北斗卫星导航系统是我国着眼于国家安全和经济社会发展需要，自主建设、独立运行的卫星导航系统，是可为全球用户提供全天候、全天时、高精度定位、导航与授时服务的国家重大战略性空间信息基础设施。20 世纪 80 年代，陈芳允院士创造性提出双星定位构想，我国建设自主卫星导航系统的伟大梦想从此起航。1994 年，北斗一号正式立项，2000 年，北斗一号系统建成并对内提供服务，我国卫星导航系统实现从无到有重大突破。2012 年，北斗二号系统建成，向亚太地区提供服务；2020 年，北斗三号全球系统建成，向全球提供服务。

“看似寻常最奇崛，成如容易却艰辛。”几十年来，几代北斗人不忘初心、赓续奋斗，秉承“中国的北斗、世界的北斗、一流的北斗”发展理念，践行“自主创新、开放融合、万众一心、追求卓越”的新时代北斗精神，圆满实现北斗从无源到有源、从区域到全球分步走发展的战略目标。北斗人创新实践，接连攻克以混合星座、星间链路、导航信号、特色服务为代表的多项核心关键技术与世界级难题，实现核心器部件全部国产化，北斗成为我国迄今为止规模最大、覆盖范围最广、性能要求最高、与百姓生活关联最紧密的巨型复杂航天系统。

得益于改革开放以来综合国力不断增强、经济持续稳定发展和科技创新能力大幅提升，北斗导航圆梦全球，成为我国实施改革开放 40 余年来取得的重要成就之一。北斗已广泛应用于国民经济和社会发展各个领域，进入各行各业，走入千家万户，产生显著的经济和社会效益。北斗也是我国为全球公共服务基础设施建设作出的重大贡献，已为包括“一带一路”沿线国家和地区在内的全球用户提供精准优质的服务，其应用产品输出到全球半数以上国家，成为闪亮的国家名片，对推进我国社会主义现代化建设和推动构建人类命运共同体具有重大而深远的意义。

站在新的历史起点，北斗人将不忘初心、接续奋斗，擘画中国北斗的新蓝图、新发展。2035 年前，将以北斗系统为核心，建设完善更加泛在、更加融合、更加智能的国家综合定位导航授时体系，我们愿与世界各国共享建设发展成果，为服务全球、造福人类贡献新的中国智慧和力量。

本书从科学原理、技术方法、应用服务、国际化发展等多方面系统讲述了北斗的发展进程和成就，有理论、有数据，有案例、有故事。本书以朴实的语言、严谨的描述、翔实的内容，生动形象说明了北斗其实离大家并不远，北斗卫星远在天边，北斗应用近在眼前，它早已进入、影响并且有力地改变着我们的生活。本书内容精准权威、通俗易懂，同时采用多种媒体形式，阐述生动，不仅对卫星导航领域专业人员具有重要的参考价值，也有助于公众更好地了解北斗系统，认识北斗系统，使用北斗系统，更好地享受北斗带来的服务。

中国科学院院士 杨元喜

2023 年 6 月

目　录
CONTENTS

第一篇　北斗应用，就在你我身边

夜半子时
23:00-1:00

鸡鸣丑时
1:00-3:00

平旦寅时
3:00-5:00

日出卯时
5:00-7:00

食时辰时
7:00-9:00
隅中巳时
9:00-11:00
日中午时
11:00-13:00
日昳未时
13:00-15:00
晡时申时
15:00-17:00

日入酉时
17:00-19:00

黄昏戌时
19:00-21:00

人定亥时
21:00-23:00

第二篇 七大服务，点亮北斗星光

壹

贰

第三篇 创新超越，铸就大国重器

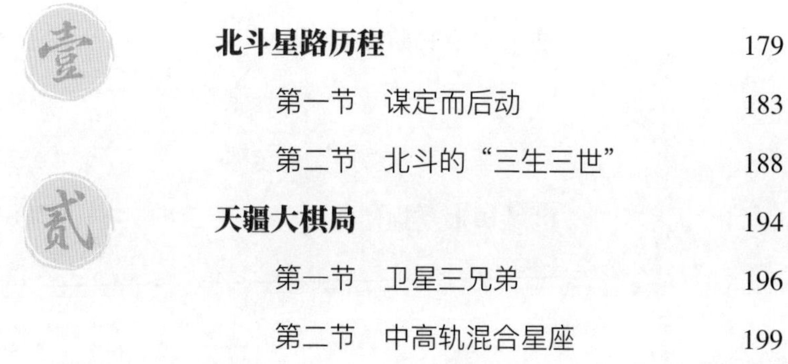

主人公小北人物档案

小北，男，2002年2月生于北京，现就读于北京大学，是一名大二学生。2008年汶川地震时，北斗发出灾区第一条消息，让小北认识了北斗卫星导航系统。自此开始痴迷于北斗卫星导航系统信息的收集，持续关注北斗系统的发展，立志成为一名工程师。

第一篇

CHAPTER ONE

1

北斗应用，就在你我身边

听到“北斗三号全球卫星导航系统正式开通”的声音，小北急忙循声看去。这一天是 2020 年 7 月 31 日，宿舍的电视上正在播放北斗三号全球卫星导航系统全球服务开通的新闻。小北高兴得手舞足蹈，自从 6 岁那年，第一次收到父亲通过“北斗”从汶川大地震灾区发出的消息，他就成了一个“北斗迷”。每一次“北斗”发射，他都会把新闻剪贴在自己的本子上，时刻关注着北斗卫星导航系统（以下简称“北斗系统”）的发展。他做梦都盼着能早日建成中国自己的全球卫星导航系统。十多年过去了，优秀的小北如愿考入了北京大学，两年后的 2022 年，我国卫星导航与位置服务产业总体产值已经突破5000亿元[①]，北斗系统已成为面向全球用户提供全天候、全天时、高精度定位、导航与授时服务的

① 中国卫星导航定位协会：《2023 中国卫星导航与位置服务产业发展白皮书》，2023 年 5 月 18 日。

重要新型基础设施[①]。对北斗卫星导航系统充满好奇的小北希望自己毕业后能够成为一名科研工作者，像钱学森、陈芳允、孙家栋那些大科学家一样，为祖国作贡献。

这一天，同学们都在玩一个“北斗伴”的手机应用软件，小北也打开搜索链接，发现可以用手机搜索到十几颗北斗卫星，而据小北了解，为了保证在全球各个地方全天都能够有足够多的可见卫星，北斗系统在太空工作的卫星可不止十几颗。这么多北斗卫星守护着我们，将对我们的生活有哪些影响？对大众应用、交通运输、农林牧渔、金融电力、公共安全、减灾救灾、通信等领域，又有哪些贡献？小北迫不及待地想探寻北斗系统在各个领域的妙用。

① 国务院新闻办公室：《新时代的中国北斗》白皮书，2022 年 11 月，见 https://www.gov.cn/zhengce/2022-11/04/content_5724523.htm。

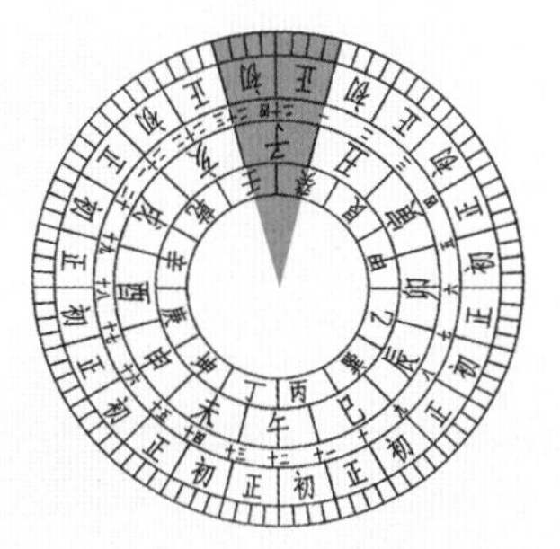

夜半子时

23:00-1:00

灾害监测：

时刻守护你我安全

夜深了，大家都进入了梦乡。一则来自南方的要闻引起了小北的关注——湖南省常德市石门县因连续几轮强降雨，正在经历一场山体滑坡自然灾害，塌方山体达到 300 万立方米。

小北急忙联系湖南的舅舅询问情况，舅舅告诉他，他们已经提前撤离到安全区域，是近几年布设的北斗灾害预警系统起到了作用，提前监测到此次地质灾害隐患并发出预警，处在危险地区的人们已经安全撤离，此刻的他们正安然入梦。

什么是北斗灾害预警系统呢？小北决定弄个明白。

地质灾害、森林火险具有极强的隐蔽性、突发性和破坏性，因此灾害“预警”成为重中之重。通过在地质灾害频发地区部署高精度位移监测设备，对地表的位置变化进行监测，而利用北斗系统可以监测到厘米级甚至毫米级的地表微小变化，从而对即将发生的地质灾害进行预警。

第一节
滑 坡

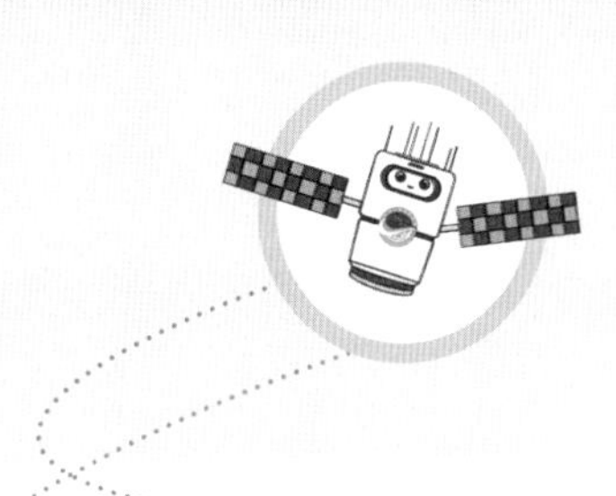

传统的地质灾害监测通常会采用全站仪监测的方式，但这种方式需要监测人员操作，这使得监测人员自身安全极易受到威胁。此外，灾害发生地点如果实施各个地质灾害频发地点的监测，还需要耗费大量的人力，很难实现 24 小时不间断监测。基于北斗系统的位移监测设备结合北斗短报文、移动通信、互联网等先进技术，地质灾害监测与报警系统实现了真正的自动化，逐渐摆脱过去的人工或半自动方式，预警分析方法也在不断优化和改进，灾害实时预警的准确性等得到大幅度提升。

常德市石门县南北镇潘坪村所处的雷家山是湖南省省级地质灾害隐患区。舅舅告诉小北，为了可以提前精准地预警地质灾害隐患，早在 2019 年 12 月，常德市自然资源局出资在潘坪村附近安装了北斗卫星监测系统，实时跟踪观察地质灾害隐患点的新动向，实现了智能化监测全覆盖，一旦山体发生移动，监测仪器将产生数据并传送至数据监测中心。随后，数据报告会在第一时间被送至常德市自然资源局。

所有的智能监测设备对接北斗监测系统，可实现 24 小时在线采集滑坡体上建筑物的裂缝、倾角、滑移速度等数据。不仅如此，智能监测设备对相对位移的监测精度能够达到 1 毫米，角度可达 0.0008 度，能够满足隐患点高精度、全天候实时监测的实际需求。当系统监测到地质灾害隐患点数据出现异常时，会即刻利用智能地质灾害风险预警评估模型进行分析，一旦发现该处隐患点变形量偏大，且近期有加速下滑的趋势时便会启动应急调查，调查结果确认后立即发布灾害预警。早在汛期到来之前，工作人员就已经在多个地质灾害隐患点进行了系统调试。在山体滑坡发生前，石门县南北镇潘坪村雷家山的一处地质灾害隐患点就出现蠕动，形变持续加速。位于长沙的北斗高精度地质灾害监测预警系统及时监测到了这次灾变过程。接到第一次数据报告后，常德市自然资源局就派技术人员到现场进行检测，确认山体确实出现细小裂缝后，进行了第一次灾害预警。

从 6 月 24 日至 7 月 6 日，也就是山体滑坡发生前的短短 12 天时间里，常德市石门县南北镇国土资源所共接到 3 次数据预警报告，采用北斗监测系统与实测环境数据相结合的方式，进行了 3 次地质灾害橙色预警。

石门县接到北斗灾害监测系统发出的第一次预警后，马上转移安置危险区 6 户 20 名村民，并安排人员 24 小时巡查值守。同时由于灾害体靠近省道，也在道路两边设立了临时劝导点。7 月 6 日下午，山体滑坡发生前，在收到值守干部的通报后，当地又及时转移了疑似危险区 8 户 13 名村民[①]。最终，受灾群众都得到妥善安置，严防次生灾害发生。

---

① 华声在线：《“北斗卫星功不可没，让我们避开一场灾难”——北斗卫星监测系统精准预警石门县雷家山特大型山体滑坡地质灾害》，2021 年 9 月 19 日，见 https://baijiahao.baidu.com/s?id=1711308051701740446&wfr=spider&for=pc。

第二节
林　火

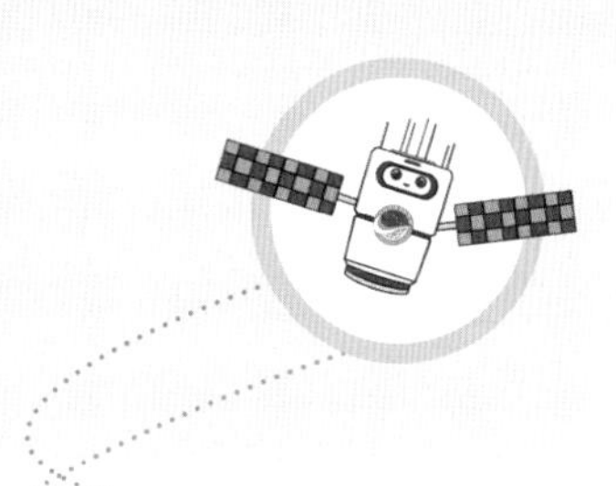

森林是全球生态系统的重要组成部分，由于气候变暖和人为原因，森林火灾的发生频率逐年增高。2021 年，全球森林大火灾害频发。据不完全统计，仅意大利就发生了 1422 起，而希腊则在 24 小时之内发生 92 起。希腊第二大岛埃维亚岛是野火肆虐最为严重的地区之一。大火吞噬了埃维亚岛数千公顷的原始森林，迫使数十个村庄的数千人逃离家园。同年 5 月，位于俄罗斯远东地区的萨哈雅库特共和国境内发生森林火灾，过火面积超过 13000 公顷。6 月，加拿大西部的不列颠哥伦比亚省由于天气太过干燥炎热，发生了 170 多起森林火灾。学校房屋被烧毁，急救站、医院被烧光。消防人员采取各种方式都无法将这一场大火熄灭，熊熊大火燃烧了好几天，烧毁了 8000 多公顷的植被。北斗系统是否能在森林防火中发挥作用呢？小北对此十分好奇。

地球上的森林资源多分布在偏远的山区，一旦发生火灾，人们不易察觉且扑救困难。传统的瞭望塔、人工巡逻、飞机巡逻等监测方式需耗费巨大的人力、物力、财力，且不能保证及早发现隐蔽火情，进行有效的扑救。随着科学技术的不断发展，人们开始利用红外探测装置监测火情，并通过无线微波技术进行数据传输，但缺点是监测的准确度不高，且微波传输距离短，极易受到干扰。20 世纪以来，国内外开始使用卫星探测系统，主流的有美国国家海洋大气局气象卫星系统、欧洲的遥感卫星 ERS 系统等，我国使用的是环境减灾卫星，其中环境 1B 卫星上搭载了两个电荷耦合器件（CCD）光学相机和一个红外多谱成像仪（IRS），分辨率达到 150 米，饱和温度值达到 500 开氏度。虽然这些卫星监测系统，发现火情的准确度明显提高且能快速定位，但运行和维修费用昂贵，不宜大面积推广。而北斗系统在森林防火领域再一次发挥其低成本易应用的特质，实现“神兵出击”。

以往中国的森林防火除了有限的卫星监测外，大多都是靠护林员巡视守卡，无论风霜雨雪，他们都奔波在森林里。在没有北斗导航的日子里，防护员都是手动记录各个站点的情况，效率不高、费时费力。如今，大部分护林员都配备了北斗巡护手持终端，大大提高了森林资源管护和监测水平。

配置了北斗系统的手持终端形似手机，防水、防摔、防雷击，便于携带，适用于野外作业。每一位护林员的位置都能在终端系统上准确体现，护林员可以通过终端向指挥中心发送信息、打电话，完成森林火灾、病虫害、森林资源情况等实时数据的采集和上报。指挥中心第一时间掌握现场情况，与护林员互动，对巡护工作实时监管和现场调度，大大提升了森林资源管护和林业灾害应急处置能力。

结合林业管理专业知识和林业防火经验，利用北斗巡护手持终端建立起的林业防火智能监测预警及应急指挥系统，实现了林区烟火准确识别、火点精确定位、火情蔓延趋势推演、扑救指挥的辅助决策、灾后评估等功能，建立了森林防火完整业务链，被大家亲切地称为“森林卫士”。

目前，北斗系统森林火灾监测终端已被广泛推广，利用北斗系统 24 小时无死角全覆盖的特点和短报文功能，在无人值守的野外对森林防火进行实时监测，并在发生火情后通过北斗卫星迅速与有关森林消防部门进行通信，保证了森林火灾的尽早发现、准确定位和及时扑救。

此外，在发生森林火灾时，可将北斗终端设备装载到防护队员、防火汽车或飞机上，在人员、汽车和飞机运动时，指挥中心通过接收北斗定位终端实时传回来的定位数据信息，可以把人员、车辆和飞机的位置实时显示在电子地图上，并通过北斗短报文形式向北斗定位终端发送各种控制指令，实现人员、车辆和飞机的实时定位和双向通信。

如今，北斗“森林卫士”已经成为森林防火的重要手段。

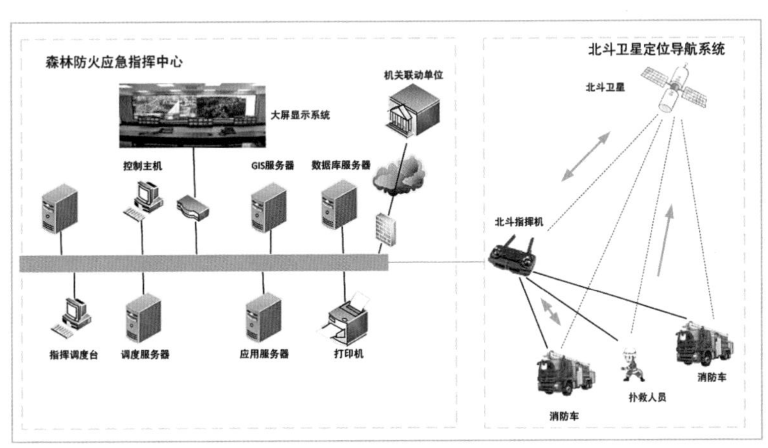

图 1-1　北斗森林火灾监测系统

第三节
暴　雨

一到夏季，极端降雨灾情就会牵动着全国人民的心，持续强降雨导致部分市区发生严重内涝、河流出现超警水位，防汛形势十分严峻。北斗能帮助人们预防洪涝灾害吗？小北热切地关注着抗洪进展，希望洪涝不要给人们造成生命财产损失。从新闻里得知北斗系统在极端降雨中也能发挥重要作用，小北内心振奋，心里默念：不错，极端降雨也逃不过北斗系统精准监测的“法眼”。

极端降雨的产生是一个非常复杂的过程，大气中的水含量是产生降雨的主要因素。当某地上空大气中的可降水量急剧增加时，短时间内发生极端降雨灾害的可能性就非常大。常规的气象监测手段对大气可降水量监测的时间和空间分辨率都很低，因此对局部地区短期极端降雨灾害的快速准确预报预警非常困难。

卫星发射的电磁波信号穿过大气层时，由于大气中水含量的影响，对电磁波信号的传播会产生时间延迟，科研人员通过地面测量可以获得电磁波在大气中传播的延迟量。不同大气水含量可以根据北斗电磁波信号在大气中的传播时延推算出来，因此可以精确计算出大气中的可降水含量。与其他在轨卫星相比，北斗卫星在轨卫星数量较多，并且发射的电磁波信号非常适合用来进行反演计算。通过北斗系统信号反演这一技术，可以实现分钟级间隔的降水情况预测，以及 20 公里范围内的大气可降水量精准监测，经过与降雨记录数据的初步比较分析，强降雨之前的 0.5—3 小时，大气中的水含量都有明显提高，因此为短期降雨的快速预报提供有力技术手段。

以河南省北斗地基增强站观测数据构成的实时大气监测系统为例，通过分布图可以看到对极端降水过程进行的反演分析结果，可从参考文献中查看分布图[①]。

基于北斗的实时大气监测系统，为极端降雨灾害的快速预报预警提供了科学的数据支撑，这对深入理解全球变暖背景下区域天气系统的响应机制、保障地区经济建设和社会发展具有十分重要的科学价值和现实意义。

① 施闯、周凌昊、范磊等：《利用北斗 /GNSS 观测数据分析“21 · 7”河南极端暴雨过程》，《地球物理学报》2022 年第 1 期。

第四节
地　震

地震，这种能够把大地撕裂、把高楼晃倒的巨大力量，至今依然是人们心中“谈虎色变”的重大灾难之一，也是如今的科学技术依然难以精准预测并提前预报的灾难之一。地震发生后的迅速救援响应，成为把地震灾难损失降到最低的唯一办法。

2008 年 5 月 12 日 14 时 28 分 4 秒，发生在四川省阿坝藏族羌族自治州汶川县境内的里氏 8.0 级特大地震，给许多人留下了终生难忘的记忆，而小北更是记忆深刻。因为灾情发生时，小北的爸爸正在灾区进行调研工作。

汶川特大地震最大烈度达 11 度，波及大半个中国。灾区总面积达 50 万平方千米，而受灾最为严重的汶川、什邡、北川等县，更是交通、通信等所有公共设施全线瘫痪，令指挥救援“两眼摸黑”，严重阻碍救援进展。震中到底情况如何，哪里有人员生还？哪里需要空投物资？哪里急需救援……特别是像小北一样有亲属在震中的人们，更是心急如焚。

正是在这万众期盼的危难时刻，带着安装了北斗减灾终端的武警部队进入灾区，利用北斗系统的短报文功能向外界发出了第一条来自震中的消息。这是北斗短报文功能首次在公众面前亮相。很快，北斗“短报文”成为灾区指挥联络的“生命线”，为汶川大地震“黄金 72 小时”救援立下汗马功劳。当小北和妈妈收到来自震中的爸爸通过北斗发来“平安勿念”的消息时，小北心里就记住了“北斗”。

为什么地震之后手机打不通电话呢？事实上，我国早已建成光纤网络、4G 网络和 5G 独立组网网络，地面移动通信基础设施非常完善。但是在地震的影响下，移动通信网络基站很容易受到破坏而无法正常工作，比如供电部分受损，或连接基站的电线光缆甚至是基站本身被破坏，因此会在受灾区域形成信号盲区，使得手机无法通信，也就无法与救援队、指挥中心进行通信。

而北斗“短报文”的双向通信功能，不需要通过受灾区域的地面基础设施进行，它通过卫星传递信息，可以是点对点的双向信息交互，也可以是单点对多点的传递，解决了地面移动通信网络失效情况下的应急通信问题，提高了救灾减灾的决策部署效率和反应速度。[①] 特别是单点对多点的单向传递功能，在指挥中心部署救援任务时发挥了重要作用，同时给多类型救援平台传递信息与指令。据不完全统计，在 2008 年汶川特大地震救援期间，救援队伍通过北斗短报文的应急通信功能发送了 70 多万条信息。北斗系统在抗震救灾行动中，兼具位置信息获取与消息传递的功能，为被困人员救援提供了重要保障。

① 中国卫星导航系统管理办公室：《北斗卫星导航系统公开服务性能规范（3.0）》，2021 年 5 月，见 www.beidou.org.cn。

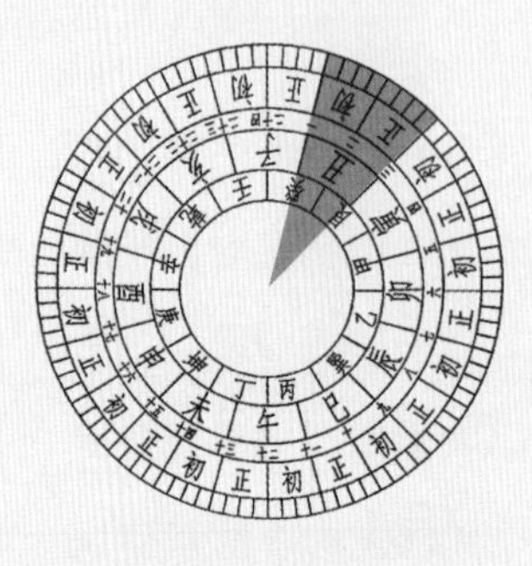

鸡鸣丑时

1:00-3:00

物流追踪：

快件追踪更加智能

凌晨 2 点，弯月躲在柔和似絮的云朵间，洒下皎洁的光辉，大自然温柔地包裹着世间万物，小北也在静谧美好的气氛中沉入深眠。

此时，全天候工作的北斗正为道路上的物流车辆指引着方向，为快递运输保驾护航。“快件离开广州，已发往北京京南转运中心。”小北的手机里收到了这样一条消息。在北斗系统的协助下，小北可以知道装着自己新衣服的快递的最新动向。小北通过手机应用软件可以获得快递所在的位置和时间。在小北熟睡时，快递在无人一体化分拣及高精度精准导航运输系统的协助下，正以最快的速度奔向它的“主人”。

第一节
下　单

如今，在线网购已成为绝大多数年轻人生活中不可或缺的一部分，网购让购物变得方便快捷。小北也酷爱网购，用他的话说，“不用把时间浪费在到实体店里寻找货品，还能方便比价，何乐而不为?”对于网购者来说，下单过程中，除了挑选商品外，最重要的就是填写邮寄地址信息，在启用北斗网格码以前，地址信息是通过编写电子面单中四级地址格式（省、市、县、乡或街道）而获得的。而小北最近发现，可以通过嵌入北斗网格的高精度地图来取代烦琐的文字编写。小北所需要做的，只是打开地图，找到自己所要寄递的地址对应的地图区域，点击相应的北斗网格即成为有效地址，生成相应的北斗网格码，作为自己以后的数字地址。

那什么是北斗网格码呢？这是在地球空间剖分理论的基础上发展出的一种离散化、多尺度区域位置标识体系，它可以为地心至地上 6 万公里地球空间中各种大小不等的任意网格赋予全球唯一的一维整形数编码，根据精度不同，立体方块的大小可以是 1×1×1 米，也可以是 8×8×8 米等，并可以在同一区域范围内，非常方便地与任意一个实体对象和各种不同的数据建立起内在的相互关联。北斗网格码的优势在于，它所提供的地址本身就是数字化的，而且精度极高，根据实际需要，精度还可以上下调节。

比起文字输入，地图上的点选更为直观、更为简便，出错的概率更小。在今后的购物、快递寄送中直接运用、直接填写，不仅更为简便、精确，而且还有很好的私密性。

第二节
存　储

网购很方便，但购物者可能并不了解，面对成千上万甚至百万千万上亿的包裹，会让仓库堆积如山，多少分拣员都会“崩溃”。可根据网购经验丰富的小北观察，快递分拣速度似乎越来越快，小北迫切地想知道其中的原因。其实，北斗为快递分拣也提供了帮助，它会为货物仓库管理安上“智慧的眼睛”。

通常，大型电商平台在全国各地会配有仓库，当小北从平台下单，电商平台在仓储管理系统中进行快件派单，系统会根据库存及距离将订单派发给相应仓库，定制仓库中心的位置信息。而系统中派送距离及仓库位置信息就是通过北斗系统获取的。商家通过手机货源应用软件，就能让行进中的空货车找到离自己最近的货源。在货物分拣完成后，交由发货包装组进行扫描出库和包装，同时快递物流状态栏变为“待发货”状态，极大地提高了配送效率，降低了管控成本。在仓储管理系统中，除了北斗导航技术，还运用了通信技术、电子数据交换技术、地理信息技术等，使得小北能够及时获取包裹信息。当小北在手机页面上看到订单信息变为“待收货”状态时，表明小北新买的衣服已经进入运输过程，并可查看包裹是从哪个仓库、什么时间发出的。

第三节
运　输

“快件已到广州，预计后天送达。”小北的手机上，一条实时物流信息在提示小北收货时间。小北能够如此便捷地收到快递信息，得益于北斗高精度定位技术。如同人们出行一样，快递的运输也首先需要规划路线。北斗导航技术的一个重要功能就是提供位置，结合地图数据，协助完成路线规划，路线规划算法根据收货地址及中转站点信息，结合大数据物流路线分析，定制最快最便捷的运输路线，提高物流效率。

近年来，北斗导航技术已经成为物流车辆不可或缺的“制胜法宝”。在通过公路、铁路、航空运输包裹时，物流企业管理人

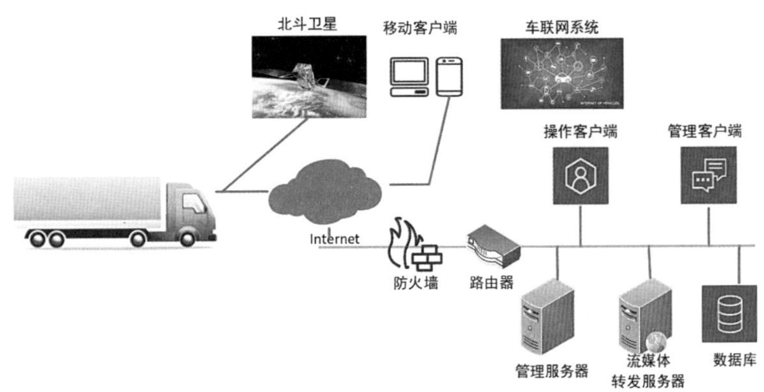

图 1-2　安装北斗导航终端的物流车辆

员或者消费者可以通过电脑平台和手机应用软件随时查询车辆和货物的实时位置。此外，物流车管理人员可在地图上设置一个电子围栏区域，当运输车辆进入或者驶出此区域时会立即发送围栏报警信息，还能够监控车辆速度、驾驶员的状态等信息，保障驾驶安全，从而有效地确保货物物流的运输安全。

物流车上的北斗导航终端具有光感防拆的功能，当有人非法拆除时，会立即发送报警信息提醒管理人员及时处理，避免造成更大的损失。

第四节

转　运

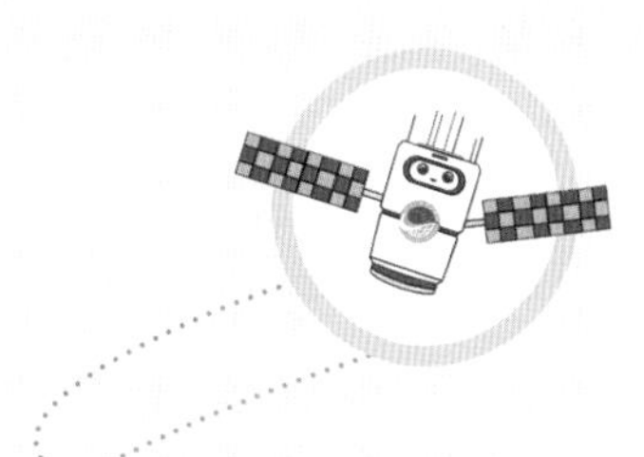

“快件已到达北京京南转运中心。”小北的快递与来自全国各地的包裹集中到快递中转中心。转运中心作为快递的集散地，在这里最重要的工作就是要完成快递分拣。把快件按地点、按品类分拣，是一项耗费人力和精力的“大工程”。为了让快件分拣得高效精准，解放劳动力，早在多年前快递公司就开始使用智能机器人分拣系统，大幅降低现场运营异常，实现快递转运无人化操作。

随着无人化分拣系统中北斗系统和二维码技术的进步，分拣机器人可以自动化接收、执行指令，能自动称重、扫描快递单条码获取地址信息，还能有条不紊地载着包裹按照自动计算的最优路线快速运行，并准确地将快件分拣至指定区域格口。到达指定位置后托盘竖起，包裹被倒入格口，随后再顺着通道滑到包裹装运区，整个过程只需要十几秒钟；完成后，分拣机器人会自动选择最近放件区排队，等待下一次分拣送件任务。

在北斗精准导航的指引下，智能机器人分拣中心日均分拣量为 4 万—5 万单，每小时最高可达 12000 件，分拣准确率高达 100%，分拣效率是人工分拣的 3—4 倍。此外，分拣机器人还避免了人工分拣差错率高带来的二次处理成本和车线资源的浪费，也降低了快件破损率。

就这样，小北的快递被准确投放到格口，与其他具有相同目的地的货品一起输送到导轨上，导轨利用电机提供的动力将快递输送至自动发货区，经过射频身份识别（RFID），由系统判定是否有异常发货订单，如无异常，快递将自动输送至等候在月台的物流车。物流车满载而归，带着小北的新衣服驶向目的地。

第五节

配　送

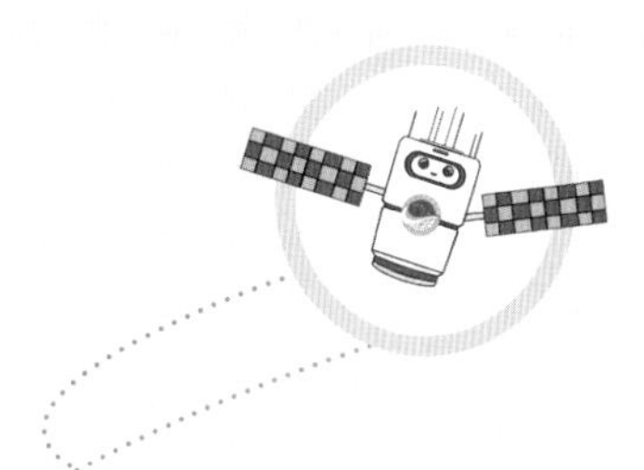

新冠疫情暴发后，配送机器人、无人送货机器人等一批高技术含量的“黑科技”快递蓬勃涌现，着实“圈粉”无数，小北也是它们的粉丝之一。这次购物，他特别选择可以提供非接触式服务的卖家，也想体验效率与乐趣“比翼齐飞”的全新服务。

“您的订单已到达，验证码为123456，请下楼取件。”小北第一次收到这样的取件短信，怀着对新衣服的憧憬，对无人送货机器人的好奇，下楼了。

小北输入验证码，快递仓柜门自动打开，取出快递，点击取件完成后柜门自动关闭，无人送货机器人发出“配送已完成，请给好评哟”的语音，同时记录每一个包裹被取走的地点信息。小北对这个可爱幽默、齐腰高的小家伙产生了浓厚的兴趣，决定追随它到下一个配送点，一探究竟。

无人送货机器人可太棒了，过马路、拐弯、躲避障碍，全都不在话下。一旦发觉前面有人挡住了去路，它就敏锐地停下来，还懂得调整方向，发出倒车提醒。它行驶起来的速度比电动车稍慢，却比行人快一些，小北有时候需要小跑才跟得上。别看它个头不大，身体里面有好多帮它引路的“宝藏”，如激光雷达、毫米波雷达、视觉即时定位与地图创建、北斗高精度定位模块等。

无人送货机器人的整个配送过程应用多种导航手段，其中就包括北斗导航。在大多数场景下，北斗系统可以提供高精准定位信息，结合惯性导航、激光雷达、视觉匹配等多种导航手段时刻确定高精度位置，并通过第五代移动通信技术（5G）网络回传到后台系统。无人送货机器人结合后台系统数据分析结果，实现车辆主动避障、自动行进、自动变速、自动刹车、自动转向、自动通过灯控路口等无人驾驶功能。若无人送货机器人出现故障，会第一时间通知收件人，转由其他无人送货机器人或者人工配送来解决，形成人车路协同管理。

小北在享受无人送货机器人带来的便捷的同时，也不禁感叹北斗为城市社会资源合理分配及利用作出的贡献，无人配送为人们营造了更好的生活品质，推动了未来城市智能化建设。想到这些，小北更加坚定了自己要成为一名科研工作者的愿望。

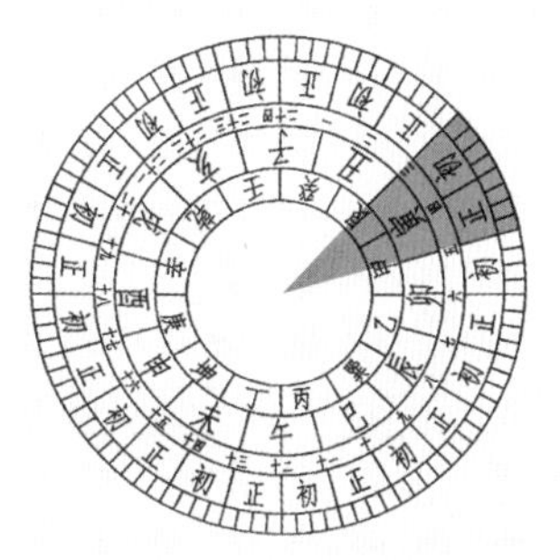

平旦寅时

3:00-5:00

智能手环：陪伴老幼"守护神"

"嘀嘟……嘀嘟……嘀嘟……"睡梦中的小北，被手机声音叫醒，但这个声音不是闹钟的声音，而是奶奶的北斗手环发过来的求救信号。小北的奶奶已经 70 多岁了，右前臂、腰椎、胸椎都曾做过手术，眼下她一个人在家进行术后康复。子女由于工作、学习、生活等原因，无法长期陪在老人身边，难以做到随时随地看护老人，小北爸爸给奶奶购买了一台穿戴式智能设备——北斗手环，虽然用"台"这个量词，却只有手表大小，戴在手腕上十分方便。北斗手环已然成为奶奶的 24 小时守护者，保障老人尤其是独居老人的安全。

8000
步数

第一节
呼　救

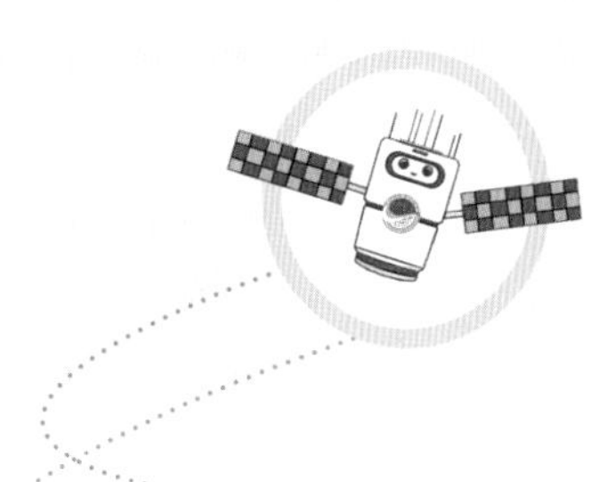

凌晨4点，睡梦中的小北奶奶突感不适，右臂疼痛不已，而且伴有头晕、胸闷等症状，于是她下意识地按下了北斗手环上的红色报警键。睡梦中的小北被北斗手环发过来的求救信号叫醒。与此同时，小北的爸爸和妈妈也都收到了奶奶的求救信号和位置信息。小北爸爸第一时间联系了120急救中心，并把奶奶的位置告诉医护人员，救护车正在去往奶奶家的路上，小北的爸爸妈妈也同时赶往奶奶家。原来小北提前在北斗手环上，将自己、爸爸、妈妈都设置为奶奶的紧急联系人，当奶奶遇到紧急情况时，通过一键呼救按钮，可直接向他们发出警报，并将北斗定位信息也同步发送到每位紧急联系人的手机上。好在小北奶奶及时到达医院，在医护人员的紧急施救下并无大碍，很快就能出院回家了。

第二节
日　常

小北心系奶奶身体情况，他拿出手机，打开手机应用软件，查看奶奶最近的日常生活，小北奶奶每天走 8000 步左右，以家为中心活动范围不超过 5 公里，经常去早市、康复中心、小北家、社区公园等。原来手环内置的北斗定位芯片，能够记载日常步数、历史轨迹、训练情况以及血氧、心率、血压等身体健康实时数据，并将这些数据与智能手机、平板电脑等同步，达到健康监测的目的。这时，小北通过手机软件看到奶奶的实时动态轨迹，还有 500 米就回到家中了。

第三节
丢　失

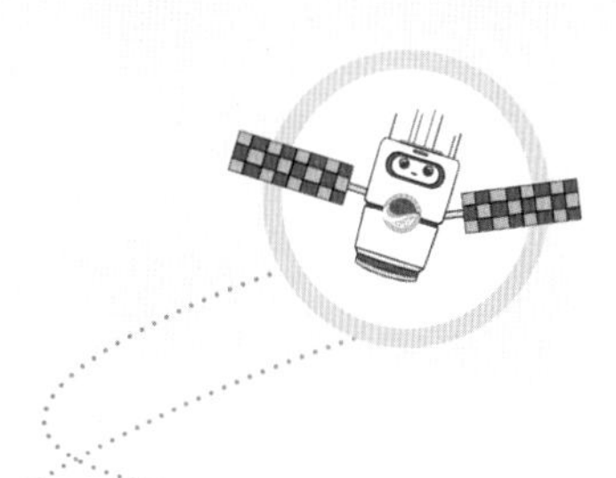

北斗手环十分智能，具备健康监测、位置监测、报警、手表、闹钟、用药提醒等多种功能，体积小巧、轻便，还具备深度防水功能。小北奶奶在洗菜、洗澡、遛狗、逛早市等日常生活中，完全能够实现全天佩戴，北斗手环已经成为奶奶日常生活中不可缺少的一部分。这天中午，奶奶给小北打来电话，焦急地告诉小北她的北斗手环找不到了。小北连忙安慰奶奶，告诉她北斗手环具有定位查询功能，并且内置的电池续航力能够达到 10 天以上，很快就能通过定位找到手环。

小北通过手机应用软件查看奶奶手环的位置，手环通过北斗定位获取自身位置后上报给手环服务系统平台，小北查询后发现奶奶上午去医院检查时，将手环落在了医院医学影像检查室附近，便通知妈妈去医院检查室附近取回。得知手环已经找到的奶奶心里一块石头落地，不停地感慨科技进步带来的方便。

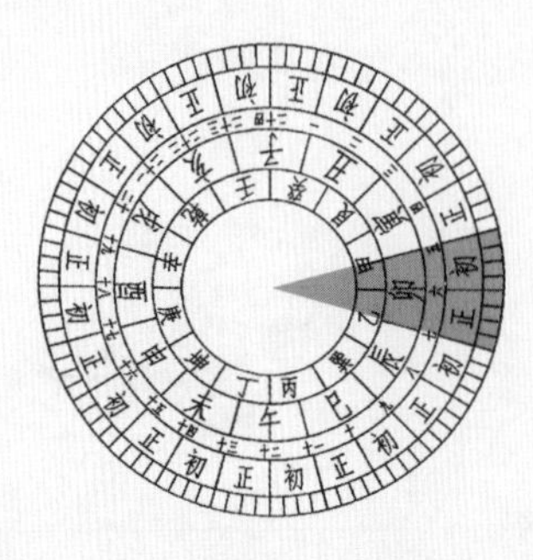

日出卯时

5:00-7:00

交通导航：和迷路说再见

早上6点，天边已经被朝霞染红，太阳渐渐从乌云后面露出脸来，崭新的一天开始了。小北洗漱完毕准备赶去学校，小北爸爸提出可以顺路送小北去学校，因为不用去挤周一早高峰的地铁，小北十分开心。“方向感”不强的小北，小时候经常在胡同里迷路。现在有了北斗导航，小北再也不用担心迷路了。每次出门前，他都会拿出手机打开导航软件，在终点输入学校位置，而“我的位置”那一栏无须手动输入，北斗系统将自动获取他的位置并输入。手机导航为小北推荐了多种方案并预估所需时间，如驾车、公共交通、步行、骑行、打车等多种方案，每种出行方式也会有多种路线供选择。

第一节
自 驾

小北和爸爸上车后，车内导航系统推荐了3条导航路线，分别是距离最短、时间少、红绿灯少路线，还可以选择避开拥堵路线、根据当前位置切换路线，对于周一早高峰的北京路况来说，避开拥堵和随时切换路线的功能实在是太贴心了。小北爸爸果断选择时间少、避开拥堵路线。

西直门桥是小北爸爸上班的必经之路，由于其本身桥体复杂、众多交通流交叉、周边交通集散点多，造成该桥区通行线路复杂。行驶途中，车载导航提示小北爸爸："前方设置限时禁止机动车右转管理措施，是否绕行。"整整1小时的通勤路程变得透明化，实时路况、交通事故、限速拍照等信息实时更新并语音提醒。这些路况信息与北斗系统实时定位功能配合，为人们的出行提供了极大的便利。

很多人开车用手机导航，经常分不清车是在主路还是辅路，也经常错过路口，这是因为现有导航定位精度不够高，无法实现车道级导航。近年来，基于北斗系统研发的北斗高精度定位服务平台，通过地面监测站网得到的高精度改正数能够让北斗导航产品实现秒级定位，定位精度也提高到了1米左右。城市里，一条车道宽约2.5米，1米的精度意味着"车道级"

导航定位得以实现。

图 1-3　手机导航界面①

①　来源：百度地图。

第二节 公交车

小北爸爸临时接到通知要去参加会议，无奈之下，小北只好自行前往学校。下了辅路，小北爸爸把小北放在保福寺桥西公交车站，从该站坐 601 路，直达北京大学东门站。

随着公共交通工具的日渐发展，车辆和车次的增多导致交通拥挤、车辆行车缓慢、行车间隔不均匀。“下一趟公交车啥时候来呀?”以前，这句话是市民等车时最爱说的一句话，尤其是早高峰的时候，都赶时间上班。那个时候，市民多么盼望有人能告诉他们下一辆公交车到达的时间。

如今有了北斗，这个问题也迎刃而解了。大部分城市公交车上都安装了北斗导航终端，“智能公交”走进了大众生活。公交车走到哪里，还有多久到站？这附近有什么公交车站？对于市民在选择城市公共交通出行时遇到的各种问题，“智能公交”都实时给出了“精确答案”。基于大数据分析技术，平台上给出的乘客等候时间误差可以控制在 30 秒左右，是北斗卫星高精度定位技术大幅提高了公交实时预报的准确率，极大方便了市民的出行。

市民只需在手机上安装一个智能公交应用系统应用软件，就能随时掌握公交车动态。小北打开“智能公交”应用软件，“公交查询”“实时公交”“周边公交”“周边服务”等应用立刻映入

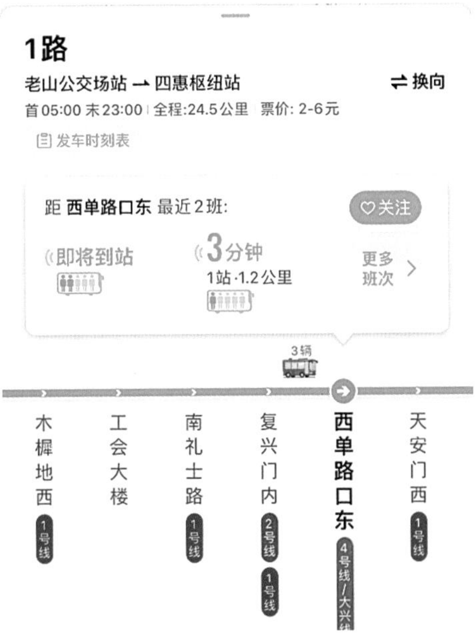

图 1-4　北斗实时公交显示①

小北的眼帘。点击“周边公交”栏目，周边 500 米范围内所有的公交车马上呈现在眼前；点击“周边服务”栏目，周边的饭店、宾馆、银行、自动取款机等一览无余；继续点击相关栏目，坐几路车、怎么走，都可轻松实现。

智能公交系统也方便了公交运营，包括发班的调配、班次的合理发放以及线网的布局，根据动态交通信息及时调整车辆运行情况或实时调整车次，以改善公交车辆的运营效率。同时，对驾驶员安全行车等方面也起到很好的促进作用，即使公交车行驶到一些偏远山区，只要有北斗卫星导航信号，就能精准获取位置信息。

① 来源：百度地图。

第三节
出租车

小北和爸爸出门的时候，小北妈妈因为要外出参加活动，决定叫出租车前往目的地。小北妈妈在家里打开手机应用软件点击预约叫车按钮，马上就有出租车接单，并显示车辆实时位置，预计 3 分钟后到达指定上车地点。

司机与小北妈妈打电话确认位置，小北妈妈很快就上了车。她感叹道："现在打车太方便了，把无效等待的时间都节省了！"出租车司机回应道："是呀，平台总是能给我们分配距离最近的用户，同样提高了我们出租车的效率。"

其实，司机师傅和小北妈妈的对话中蕴含了北斗和大数据融合的大智慧。通过使用北斗车辆智能导航系统，出租车公司能够对出租车辆进行监控与管理，实现车辆位置的实时监控、电子安全保护、报警防劫等功能。"叫车服务"可以根据车辆需求者的所在位置综合分析周边空载出租车的位置，由调度中心对车辆进行指挥安排。出租车控制中心的计算机可存储所有出租车行驶路线轨迹、时间、上下客记录等，一方面可以为在出租车上遗失物品者提供线索、找回重要物品；另一方面可以为在出租车内发生的恶性刑事案件的侦破提供直接的线索和依据，保障司乘安全。

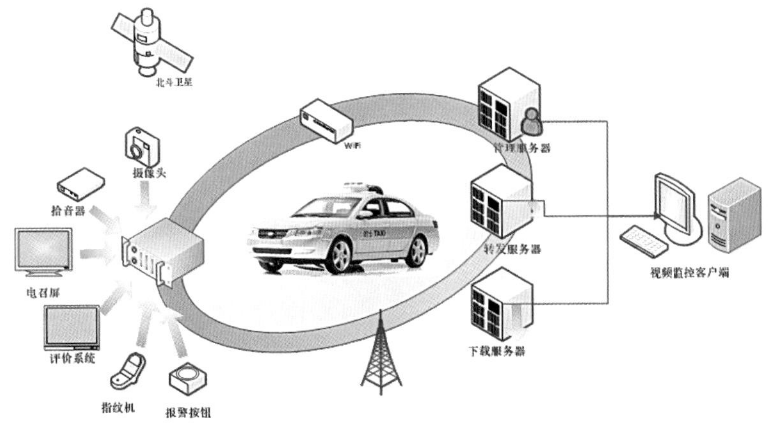

图 1-5　北斗智能出租车管理示意图

得益于北斗车辆智能导航系统，出租车行业已经进入规范化、信息化、智能化管理时代。未来，出租车行业将实现更高安全性、更高服务质量的转型，使城市出租车辆成为一个城市对外最直接的窗口，反映一个城市的现代化水平。

第四节
步　行

刚到学校门口，“嘀”，小北的手机收到一条消息，“小北，咱们今早去学五食堂吃早餐吧，听说那里豆腐脑、油条是一绝。”原来是舍友约小北去吃早饭，虽然来北京大学已经快两年了，也经常在距离宿舍楼、教学楼近的农园食堂就餐，“路痴”的小北知道学五食堂的大概方位，但具体怎么过去确实拿不准。不用担心，在手机内置的北斗导航定位芯片帮助下，这几百米的距离，完全可以依靠手机步行导航来完成。

手机地图软件的实景步行导航功能是小北这个“路痴”的福音，借助北斗智能定位、地图导航与增强现实（AR）渲染等技术，可在真实拍摄的道路画面上，呈现更加直观的 3D 实景指引，帮助方向感不强的小北解决了找方向不准、不知何时转向等步行难题。

小北打开手机导航应用软件，选择步行导航，查找“学五食堂”，然后点“步行到那里去”，一条清晰的路线就出现了，还有一个不断跳动的点，这就是北斗系统对小北的定位，他沿着校园马路走了几步，发现这个跳动的点向南移动，这与小北要去“学五食堂”的路是一致的，证明小北没有走错。从地图上还可以看到，前面的什么路向左拐、什么路直行、距离多少、还有多久到，可以看到全程路段。

除此之外，在一些陌生环境，很多人都会遇到分不清东西南北的尴尬，即便看传统地图也不知道该怎么走。而使用实景步行导航，用户开启步行导航，举起手机即可自动开启摄像头，进入 AR 导航模式，可在真实的道路画面中非常直观地看到转向、直行、转弯和目的地等箭头标识，用户直接跟着箭头走即可，从而降低读图理解的难度。

图 1-6　手机导航步行界面①

在道路信息错综复杂的新时代，北斗导航技术使得交通出行的体验慢慢发生变化，交通变得更加智能、精细和人性化，一站式出行和交通服务体系提供了透明、泛在、可信、无缝、智能的出行服务体验，形成和谐普惠、畅通互融、环境可持续的大交通生态，实实在在提升了民众“交通出行即服务”的获得感。

① 来源：百度地图。

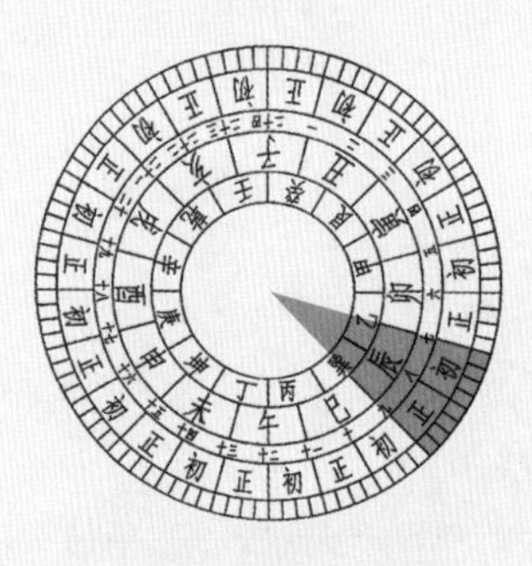

食时辰时

7:00-9:00

疫情防控：

让疫情监管更高效

早上 7 点半，城市在晨光和鸟鸣中渐渐苏醒。小北吃过早餐，戴上口罩，走出食堂。夏日的清晨，校园里一片安宁祥和，家属院的阿姨们从早市满载而归，年轻人骑着单车呼啸而过，未名湖畔几位白胡子爷爷在晨练，树下挂着两只鸟笼，几只八哥兀自唱着小北听不懂的歌。

而小北知道，这份看似平常的宁静，其实是多么的来之不易。北京的这一轮疫情来势汹汹，当疫情的“震中”锁定在新发地后，所有人的心里都“咯噔”一下，这个每天有着 6 万人次客流的大型农贸市场，一旦出了问题，后果不堪设想。小北那时一度担心，在这样的形势下，北京是不是会像去年的武汉那样，面临封城的危险。好在，这次我们已经做好了充足的准备。

第一节

流 调

疫情定位后的第二天，小北的手机上就收到了这样一条短信：“经过全市大数据分析，您可能在 5 月 30 日（含）以后去过新发地批发市场。”小北一惊，仔细回想后才记起，自己的确曾经到新发地附近的朋友家借过书，要不是收到了短信，自己几乎忘了个一干二净。小北立刻使用手机预约了核酸检测，同时也在想，大数据为什么这么聪明，甚至连自己都已经忘记了的事情，它都能知道得一清二楚？

原来，这里面也有着北斗的功劳。大数据算法的“原料”主要包括两部分，手机基站的定位和手机自身的定位结果。手机基

1375 10657502425810657502

短信/彩信
今天 07:34

【大兴区新冠肺炎防控领导小组办公室】经过全市大数据分析，您可能在5月30日（含）以后去过新发地批发市场。您可能已感染新冠肺炎病毒，为了您和他人健康安全，请您尽快进行核酸检测。

图 1-7 小北收到的短信

站就是移动互联的接入口，我们的手机能够实现移动互联，就是依赖来自各运营商基站的信号。因此，只要去过新发地，或是途经新发地，并且在这个范围内使用过手机，通过流量数据、发短信、打电话等行为，触发了附近基站的信令数据，在后台留下了数据，就可以得到初步的用户轨迹。再与手机中的北斗定位芯片获得的卫星定位结果做交叉验证，就能进一步确认行动轨迹，锁定目标人群。特别是北京这种特大型国际都市，能够快速完成对危险人群的识别和筛查，对于提高检测效率，缩减疫情的传播范围与扩散速度，有着非常重要的意义。

第二节
消　杀

很快，小北收到了核酸检测的结果，阴性。悬着的心终于放了下来，但是为了安全起见，小北还是决定居家隔离。隔离期间，小北每天都能从自家窗口看到一架无人机，神气活现地飞来飞去。小北知道，它可不是在散步，而是在勤勤恳恳地工作。有了北斗的加持，无人机可以按照指定的路径，执行厘米级精度的飞行任务，在小区里开展消毒防疫工作。这些会飞的小家伙，可以抵达诸多防疫车辆无法抵达的小路、胡同，让防疫消毒没有死角。不仅如此，用无人机进行精准消毒，还减少了人与人的接触，避免了病毒传播和交叉感染。防疫期间，时间就是生命，一架无人机每次可携带 10 公斤左右的消毒液，单次喷洒面积可覆盖 5000 平方米，喷洒面积广、效率高，是降低成本、提高效率的利器。

小北回想起来，上一轮疫情期间，无人机除了变身“人工降雨机”，还要充当“人工喊话器”。“老奶奶别看了，这是咱们村的无人机，你不戴口罩就不要出去不要乱跑。”智能无人机在空中向老奶奶喊话的视频，一时间冲上了热搜，成为新晋“流行语”。那段时间，人们对病毒的特性还不了解，群众的防疫知识也不到位，在不能挨家挨户走访的情况下，如何高效地把这些信息传递给大家，是各级政府需要解决的一大难题。好在有了无人机的帮助，相关通知、病毒特点、传播途径、防疫要求、注意事项、个人防护、预防措施和疫情动态信息等，均可通过无人机的空中“喊话”进行宣传，提高全民的防疫意识，助力打赢这场疫情防控的人民战争。

除了巡查、宣传功能，有些配备了红外热成像镜头的智能无人机还能够实现远程体温测量，只需要在人群上方逼近飞行，无人机就可以得到每个人的体温数据，成为大范围远距离第一时间发现感染者的支持手段。

有了快速筛查和精准消毒，这一轮疫情很快得到了有效控制。很快，隔离期满，小北恢复了正常的生活，而今天，就是他走出家门的第一天。

虽然解除了隔离，但小北依然保持着对疫情的警惕。小北听说，学校已经试用了基于北斗的智慧防疫系统，这套系统可以实时获取确诊患者的精确位置和行踪轨迹，在机场、火车站、汽车站、港口码头、地铁、社区、医院、学校等重要阵地为人员信息管控和指挥调度提供有力支撑，助力政府、医疗机构、企业等科技防疫。通过北斗智慧防疫定位服务，所属人员的活动区域、位置信息、健康状态均可实时在地图上显示。通过对涉疫人员、时空大数据的接入，可以给出疫情的最新态势和疫情点的精确位置，提示相关人员及时避开某些区域，避免感染和人员聚集。

第三节
隔　离

不仅如此，基于北斗的高精度定位服务，还可以实时对人员进行监控和管理。当特殊人员越界时，系统可自动提示并向疫情管理人员发送短信通知，并告知精确的时间和位置。遇到紧急情况时，通过北斗防疫定位手环“SOS”（紧急呼救信号）一键报警，及时通知防疫小组人员。小北已经让同学帮他领取了手环，看着自己手腕上的绿色闪光，小北觉得心里格外踏实。

在这场抗击疫情的生命保卫战中，北斗高精度时空技术和服务已然成为全民抗疫斗争中的一员得力干将，让防疫抗疫更高效、更便捷、更精准，为打赢疫情防控战役提供了强而有力的支撑。想到这里，小北的心中油然而生骄傲和喜悦，他知道自己今天享受到的这个平静而美丽的清晨，有着北斗的一份功劳。

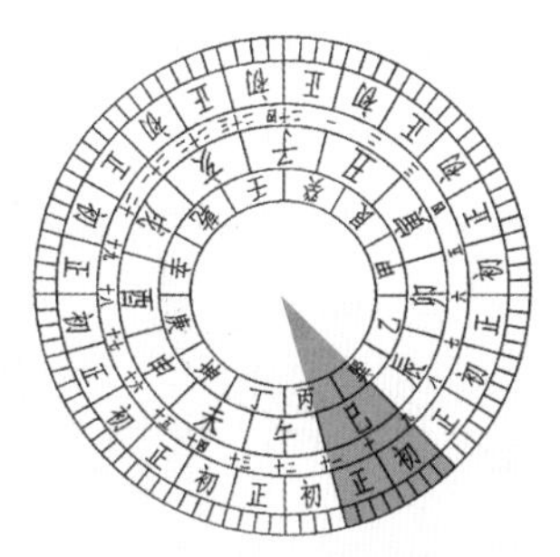

隅中巳时

9:00-11:00

智慧农业：
开创务农新思路

上午10点，阳光炙烤着大地，舒展的树叶卷了起来，娇嫩的鲜花变得干巴巴，葱郁的绿草垂着沉重的脑袋。小北与社团的同学们一起去京郊的北斗科普基地参加社会调研活动。

今天的重点是北斗在农业生产中发挥的作用，到达现场后，小北和同学们远程连线了全国多个地区的农业作业情况。小北惊喜地发现，在辛勤劳作的农民朋友们身边，多了一些特别的“伙计们”。在田间，不需要农机手们操作，拖拉机就可以行驶出笔直的路线。在家里，轻点几下手机，就可以控制喷灌机的出水量。随时随地，拿出手机就可以实时查看耕地的面积、播种的数量。无人驾驶播种机竟也从稀罕物变成家用电器。

第一节
播　种

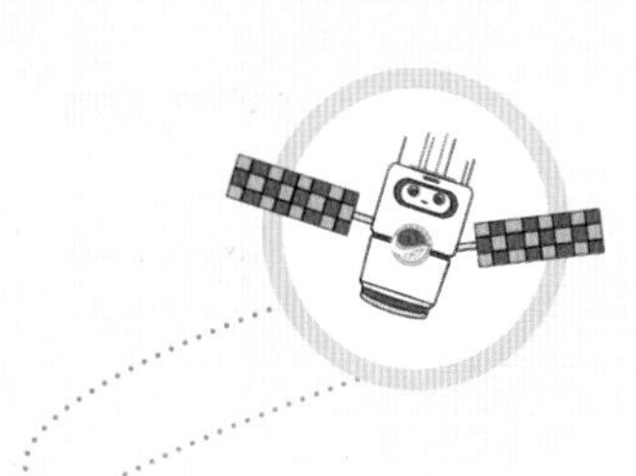

正值春播时期，在北斗示范区大田里，一台台隆隆作业的播种机在棉田里穿梭，偌大的棉田里仅 2 个人在负责加膜、滴灌带。小北和同学、老师沿着棉田向村民走去，路过播种机时，发现驾驶室内竟然没有驾驶员。原来只要事先在大马力拖拉机上安装北斗一体化接收机、摄像头、显示屏、电动方向盘，再结合自动导航辅助驾驶和作业系统，并按照播种要求，设置好机具偏移值、作业幅宽等数据，播种机就可以在北斗系统的引导下，按照规划路线自动驾驶，且可实现一次性完成铺膜、铺滴灌带、播种、覆土等作业，场面蔚为壮观。北斗模块可以对农机进行定位，农民朋友可以实时掌握农机的运行轨迹和作业进度，还可以随时调控农机的路线。

示范区的工作人员苗五子是一位有着 20 多年驾龄的播种机驾驶员，他说："这种无人驾驶播种方式让我们这些种地的'老把式'长了见识、学了知识。过去播种时，要双手握紧方向盘，靠眼力和经验，尽量把地膜和滴灌带铺直。今年，示范区累计引进 12 台无人驾驶导航播种机，预计完成播种面积 2 万亩，装有北斗系统的播种机比以前效率大大提高，无人驾驶省时、省力，播种质量显著提高。"

图 1-8　北斗农机自动驾驶①

小北亲身体验了一把“农机手”的快乐，把作业地块的经纬度数据输入系统，用手机就可以远程查看现场工作情况和实时数据，农机在田间精确作业，每千米播种作业偏差不超过2.5厘米，已经超过了传统农机在人工操作下的耕作精度。“看来今年春耕时期用工难、用工贵的难题，有了北斗农机自动驾驶系统后就能轻松解决了！”小北不禁感叹道。

与传统农机相比，北斗自动驾驶拖拉机依托智能技术保障作业质量、提高作业效率，作业后的田块接行准确，播行直，保证机组作业不重、不漏，操作方便。密度精确，出苗整齐，每亩地出苗率、土地利用率、产量得到提高，改善播种质量的

① 上海华测导航技术股份有限公司：《农机自动驾驶系统》，见 http://www.huace.cn/cases/cases_show/109。

同时降低了损耗，从而提高了农民收益，降低了劳动强度，实现了舒适化操作[①]。拖拉机采用卫星导航技术不受光线限制，农机驾驶员不用操作方向盘，可实现24小时不间断播种，农机工作效率大幅提升。同时，搭载北斗系统的播种机，结合多种传感器，可精确控制种子的播量、播深、株距等，实现精量化播种。

图 1-9　北斗“引路”整齐划一[②]

① 人民网：《牛！前旗农民耕地用上北斗导航、无人驾驶……》，2020 年 4 月 30 日，见 http://nm.people.com.cn/n2/2020/0430/c347196-33988317.html。

② 北斗卫星导航系统官网：《北斗助力新疆棉精准播种，提升农机作业现代化水平！》，2022 年 4 月 11 日，见 http://www.beidou.gov.cn/yw/xydt/202204/t20220425_23933.html。

第二节

喷 洒

示范区的工作人员告诉小北，现在还没用上无人机，等棉花长出来，就轮到无人机出场喷洒脱叶剂、防虫药等等。我们知道，给田地里的作物喷洒农药，应该是农业种植流程里最容易发生危险的一个环节了。传统背负式设备下地里喷洒农药的工作者，因为防护措施准备不周全，容易导致农药中毒。中毒轻则有头晕、目眩、恶心等不适，重则对生命直接构成威胁。

北斗为无人机提供定位服务，帮助无人机以厘米级的定位精度，确定飞行过程中每时每刻所在的位置，在确保更精准的作业线路规划的同时，还能更准确地感知因刮风或喷洒农药受到气流扰动造成的位置偏移，进而保障农药合理合量的喷洒。

第三节
监　管

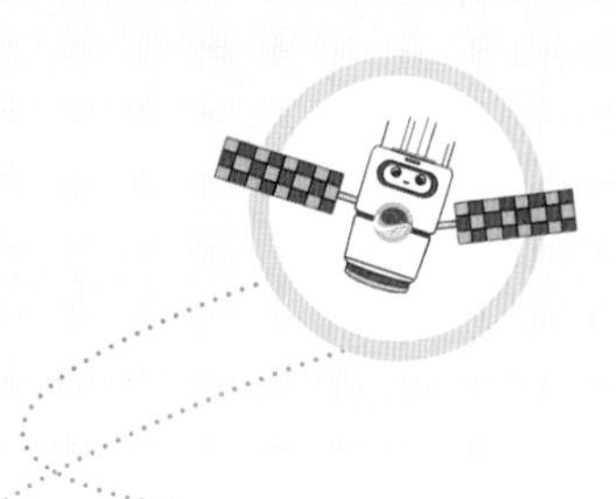

示范区的工作人员还说，现在也不像之前每天都要去巡田，北斗卫星有力地支撑了农机作业监管系统面向不同种类农田作业，提供作业监控、调度、审核、统计查询等作业监管服务。接着，大家一同来到北斗农机作业监管处。

工作人员介绍到，农机作业监管系统主要分为农业生产宏观调控模块及农业灾情预防处理模块。

农业生产宏观调控模块主要对农场、农田、农机进行数据化管理。将北斗系统与地理信息系统结合，使农业生产管理更加便捷。将北斗终端模块安装到指定区域、编号并且建立地籍的土地上，将获得的农业农田的相关数据，如农田种植面积、农作物品种、耕种施肥和收割时间、农田责任人和整年积温等，结合北斗卫星获取的位置信息，一并传输到农场的数据管理库中，通过实际种植数据即时监测农业种植的情况，保证科学化种植顺利进行。其次，建立土地养分资源和土壤肥力信息系统，辅助农场主进行正确决策。利用北斗系统获取土壤位置，并将土壤采样与养分分析的结果录入信息系统，便可通过信息系统分析出土壤中的氮、磷、钾元素含量，土壤酸碱度和土壤有机质图层。此外，环保、民政、水利、监察、公安、纪检和国土等部门相关数据库的建立，也需要农田数据库的参与和补充。北斗终端的配置能够进一步完善部门的检查监督制度，当相关业务出现问题时，上述部门巡检人员能够即时获取信息，为监督的有效实施提供了保障。

农业灾情预防处理模块主要对农业灾情进行预防和及时处理。通过无线传感器网络上的传感装置感知周边环境，并对它们进行监测，获得详细的灾情信息。北斗农机监管系统通过灾情处理软件，有效地获取灾区信息和灾变情况以及北斗提供的时空信息，然后针对不同的地理区域和受灾程度制订出一份可行的灾变处理方案，有效及时解决农业灾情。

与此同时，北斗技术已经应用到农业生产环境的监测和控制环节，能够即时、快速地把控和监测到农业农田多维度、多尺度的动态信息，及时更新农业数据库，在数据和农学专家的帮助和指导下实现农业的自动化操控，达到智能喷药、施肥和灌溉等，利用北斗精准定位功能实现农业的精耕细作，加快农业的发展进程，可持续地使用农田土地。农田的现代化发展让小北对北斗系统产生了敬畏之情，身处农田，又不禁追溯到餐桌的食品安全问题。北斗也可为食品安全信息管理库提供食品供应链中产地、制作、运输、购买等相关内容，当食品实际情况与数据库中的信息不一致时，根据食品安全信息查询到问题源，及时控制商品的流通或直接召回商品，追本溯源地将信息进行修正，这样厂家和顾客的合法权益都能得到有力保障，在当今时代“食品安全大于天”的背景下，北斗系统的加入让食品信息溯源更加高效。

第四节
采　摘

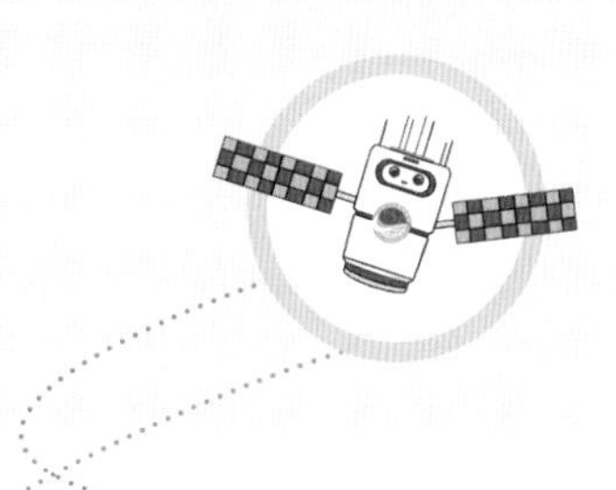

在业内有句话：全球棉花看中国、中国棉花看新疆。新疆是中国最古老的棉花种植区域之一，自然环境适宜，为棉花生长提供良好的空间，生产出来的棉花暖和、透气、舒适。新疆棉无处不在，我们每天穿在身上的衣物，用的床单、被子等，这些最贴身、最亲密接触的东西，大多来自新疆棉，它用柔软和舒适给予我们温暖。

而在 2021 年 3 月，各大网站新闻被“外国企业抵制新疆棉”一事刷爆，非政府组织“全球法律行动网络”曾向英国海关提交报告，污蔑中国新疆棉花产业存在对维吾尔族人的“强迫劳动”，要求英国禁止进口相关商品。

小北也格外关注此事，据他所知，中国新疆 80%以上的棉花都已经实现了机械化采摘，“强迫劳动”的现象根本不存在。当下正值棉花收获季节，各大平台积极开启了棉花采摘直播。

天山南北，棉田吐絮，又是一年金秋逐白浪，在我国最大的产棉区——新疆，装有北斗终端的采棉机轰鸣穿梭，白色的花朵在田间舞动，到处洋溢着丰收的喜悦。一望无际的棉田里，一辆辆采棉机加紧作业，一车车满载新棉的运输车辆有序交售。

没错，装有北斗系统终端的采棉机，能精准卡位棉垄，高效采收。经工作人员介绍，采用这种方式，落花率降低很多，棉花采净率大幅提升。

随着我国棉花机械化采摘快速推广，新疆棉花农机作业率逐年上涨。据新华社 2022 年 6 月报道，新疆采棉机保有量超过六千台，棉花机械化采收率超过 80%。棉花采摘过程不仅实现了机械替代人力，配备了智能检测系统的国产采棉打包一体机也实现了采棉、集棉、打包、逐出和丢包一体化。①

社会调研活动结束后，小北在调研报告中写道："北斗系统在农业中的应用不断突破想象，新型农业不断发展壮大，北斗精准农业赋能现代农业发展，真正做到了北斗'天上好用，地上用好'。"

① 中国政府网：《新疆棉花机械化采收率超 80%》，2022 年 6 月 22 日，见 http:www.gov.cn/xinwen/2022-06/22/content_5697041.htm。

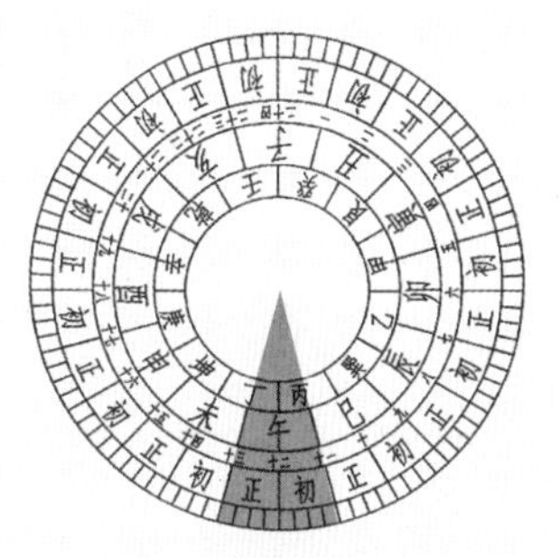

日中午时

11:00-13:00

北斗护航：
共享单车解决“最后一公里”

“中午 12 点半，万人食堂门口见！”小北和他在清华读大二的同乡约好今天中午要一起吃饭，饭后一起去国家大剧院看演出。万人食堂是清华园里规模最大的食堂，开餐时间一到，万人食堂的门口便会被一层又一层的自行车包围。

伴着中午 12 点钟的下课铃声，饥肠辘辘的小北穿过熙熙攘攘的人群，准备去清华万人食堂找同乡会合。尽管小北已经不是第一次去吃饭了，但却总是在 79000 平方米的清华园里找不到北。对于这段 3 公里左右的路程，步行大约需要 35 分钟，但骑车只要 15 分钟，一向守时的小北决定骑车前往。自从有了共享单车，曾经丢过自行车的小北再也不用担心了，共享单车俨然成了他日常生活的必备品。

第一节
找　车

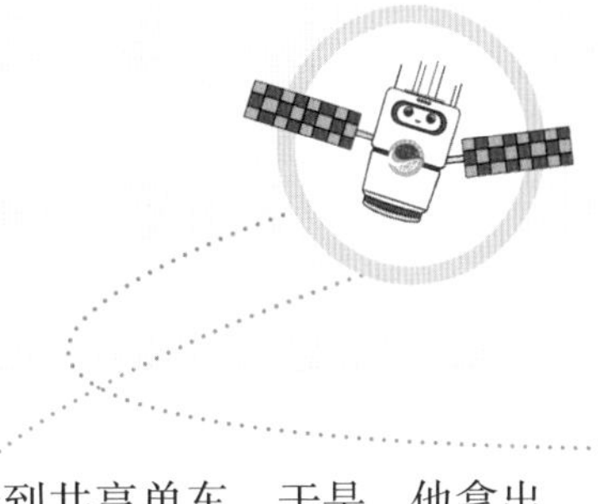

小北走到第二教学楼下，没有看到共享单车。于是，他拿出手机，打开共享单车应用软件。小北发现在第二教学楼的另一个出口就停着几辆车，妥妥地“转角遇到车”。帮了我们大忙的共享单车，位置显示还是得益于北斗。单车里的北斗高精度定位芯片，可以获得精确的位置，同时通过通信网络将位置信息反馈给共享单车应用软件的服务器，共享单车应用软件服务中心将每辆车的信息广播给各个手机应用软件用户，手机应用软件通过加载地图，就能在地图上精准地显示出每辆共享单车的位置。

图 1-10　共享单车位置实时显示①

① 来源：滴滴出行。

第二节
开 锁

找到单车后，小北通过手机应用软件扫描车身上的二维码，“嘀”的一声，单车的电子锁就被打开了，小北骑上单车前往目的地。事实上，看似手指轻点一下的简单操作，背后蕴含着北斗的“大智慧”。小北骑的这辆共享单车上的电子锁为“北斗智能锁”，是获取单车数据的核心部件，这种锁不仅能锁车，还内置了北斗定位模块、无线移动通信模块、蓝牙模块、车锁传感器、电源模块、蜂鸣器等，借助北斗高精度定位系统和5G技术，采用“智能中控 + 分体锁”架构，实现用户在手机端全程智能化操作，可对单车进行亚米级定位。当小北扫描二维码发出开锁请求时，共享单车运营管理平台接收电子锁上报的单车位置及其状态等信息，然后给予开锁权限，给智能电子锁下发开锁指令，实现远程电子锁开启操作。当一系列流程完成之后，小北顺利地骑上了共享单车。

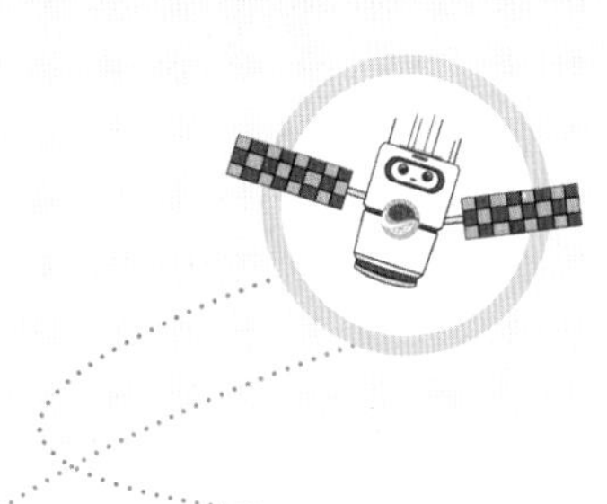

第三节
指　路

从北大第二教学楼到清华万人食堂的路小北并不熟悉，如果凭借小北“脑袋中的地图”去导航的话，可能会出现“渐行渐远”的结果。好在，智能手机装载北斗芯片，通过北斗系统，结合电子地图，小北可以准确了解实时路况，明确骑行路线，即使在完全陌生的环境下也能准时精确到达目的地。

图 1-11　北斗精准骑行导航①

① 来源：百度地图。

第四节

停　车

经过十几分钟的骑行，终于到达目的地。小北刚要停车，共享单车却发出语音："您已驶入禁停区，请在规定位置停车"。原来，为了解决共享单车随意停放所导致的社会管理难题，相关企业将北斗导航定位芯片装载到共享单车上，并划定了"北斗高精度电子围栏"，给共享单车停放划定一个区域，让单车只能停放在规定范围内。

"北斗高精度电子围栏"技术是在共享单车锁中安装北斗卫星定位和移动通信模块，利用北斗卫星定位并上传数据，通过物联网芯片发射信号覆盖技术，在地理信息系统上虚拟给出共享单车允许停放的区域。当车辆停放超出规定的区域时，系统会发出信息提示，要求骑行者将车辆返回至指定区域，否则车辆将无法上锁，后台也将会一直计费。这样，就能够实时掌握停车区域内单车的数量、状态、位置以及各区间的流量情况等信息，为车辆投放、调度和运维等提供智能指引。

通过电子围栏的划定，以"车 + 框"同级精准定位，有效维护了城市道路秩序，增加了用户找车用车的确定性，缓解了高峰时"一车难求"的局面。

第五节
锁　车

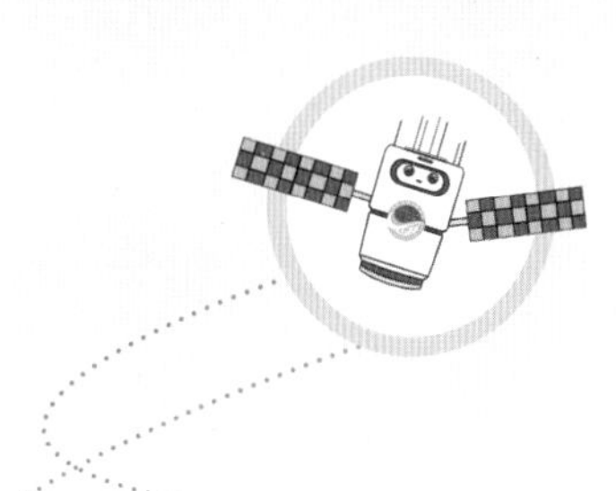

于是，小北将单车挪至规定停车区域，手动关闭车锁。此时，共享单车的“北斗智能锁”随即上报后台停车结算的请求，根据单车位置与所停区域电子围栏的关系，决定是否允许停车结算，并通过蜂鸣器与智能手机中的应用软件告知操作结果。至此，小北顺利完成了此次路程，并通过手机应用软件支付费用。

好奇的小北心里不禁有个疑问：“共享单车是怎么计算我的路费的呢？”查看手机应用软件上的计费规则，小北得知共享单车是按照骑行时间来收费的。那么，单车又是怎么获取时间信息的呢？

其实，我们的北斗系统有定位（Positioning）、导航（Navigation）、授时（Timing）三大功能。这就意味着北斗卫星在给单车提供车辆信息的同时，也将开始骑行和结束骑行的时间信息同步上传给后台。这样，单车管理平台就能准确计算出小北的骑行时间，在小北还车时根据时间信息计算路费，然后反馈给手机终端支付信息，小北才能通过手机完成此次骑行的所有操作。

第六节

管　车

到达目的地后，小北和同乡兴奋地讨论着共享单车给他们的生活带来的便捷，“你们有没有发现，在咱们经常骑车的地方，总是有很多自行车停在那，难道是共享单车预测到咱们会从那里骑车吗?”小北疑惑地说道。

小北的同乡对共享单车略有研究，他解释道：“共享单车这么聪明，它当然知道人们何时何地对单车有什么需求啦。”同学解释说，通过北斗卫星定位技术，共享单车平台已经能够实时监测每一辆单车的运行情况，根据大数据分析及预测模型提炼用户使用需求，通过人工调度和用户激励的方法实现了实时调度车辆、平衡车辆供需，解决了共享单车的“潮汐问题”。

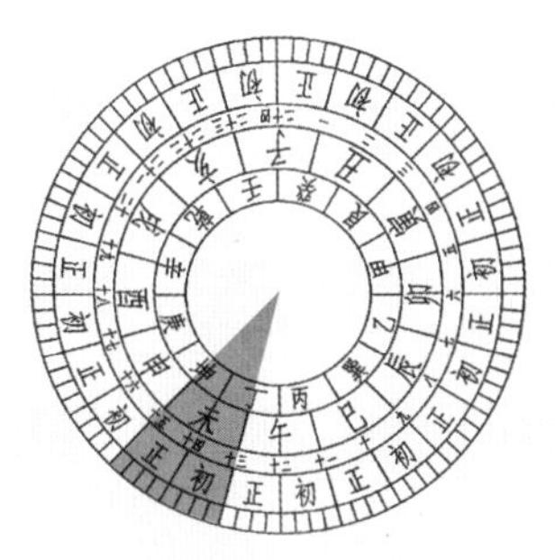

日昳未时

13:00-15:00

驾照考试：

用数据告诉你压线没

下午 1 点，小北按照计划来到驾校参加科目二考试。经过教练的悉心指导与平日的刻苦练习，考试流程早已熟记于心，小北对此次考试胸有成竹。叫号系统播报小北的名字，小北进入指定车辆准备考试。与平日训练不同的是，小北驾车逐步完成坡道定点起步停车、直角转弯、曲线行驶、侧方停车、倒车入库等一系列考试规定动作时，考官却只坐在场地一旁的电脑前看着显示屏，等电脑显示“考试合格”便进行下一位考生的考试。

全程无人化的考试是怎样实现分数判定的呢？事实上，这里有一位隐形的监考员——“北斗考官”。

第一节
“考官”

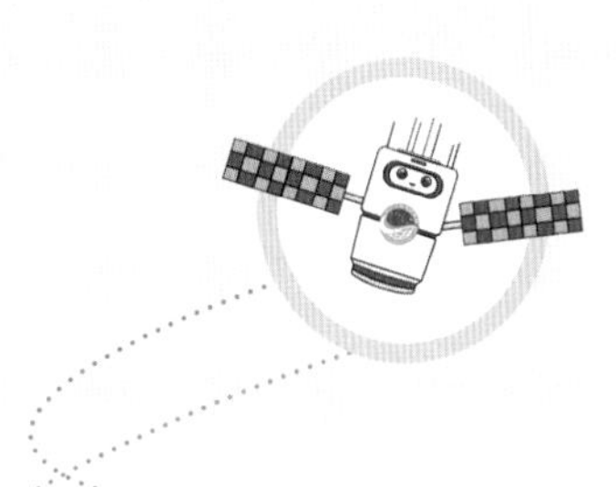

进场前，小北将身份证交给监考人员，将自己的考试信息录入信息管理软件。该软件主要负责考试学员信息管理，通过与车载考试评判软件的数据交互，实现考试现场统一指挥，考试学员考试信息保存、管理等功能。给小北监考的“北斗考官”由北斗驾考终端、车辆状态传感器、卫星接收天线、音视频设备、车载工控机等设备组成。其中，北斗驾考终端是核心设备，采用高精度实时动态差分（RTK）技术，用于测量车辆的精确位置信息。

自从在驾考车上安装了北斗终端后，考试就不那么容易通过了。小北在网上查看了一些关于北斗智能驾考系统的资料，智能驾考系统中的导航定位融合了惯性技术、卫星导航技术以及位置推导四轮定位等多种技术，可实时提供四个车轮的绝对位置。相对以往将整个车辆看作一个点的系统来说，精度大大提高。倘若考生驾驶技术不过硬，是万万逃不过系统的“法眼”的。

高精度的北斗测量必须使用载波相位观测值，而 RTK 定位技术就是基于载波相位观测值的实时动态定位技术，它能够实时地提供测站点在指定坐标系中的三维定位结果，并达到厘米级精度，常常被应用在工程放样、地形测图和各种控制测量中，极大地提高了户外作业的效率。

走进科目二考试场地，在远处楼顶处有一个高高的天线，就是给小北监考的“北斗考官”小助手之一——用于实现差分定位的基准站，基准站通过无线链路将其观测值和测站坐标信息一起传送给移动站。移动站不仅接收来自基准站的数据，还要采集自身北斗观测数据，并在系统内组成差分观测值进行实时处理，同时给出厘米级定位结果，历时不到一秒钟。移动站既可处于静止状态，也可处于运动状态。基准站长期连续跟踪观测卫星信号，并实时传输差分修正信息，为各个车载移动站提供高精度定位。

由于差分信息播发的连续性和可靠性与车载移动站定位精度密切相关，它所提供的差分修正信息是保障移动站定位精度的基础，因此，基准站安装位置应选择稳固地基的场地或楼顶，以楼顶基准站设置为例，基准站固定方式可采用混凝土观测墩、钢筋支柱固定等方式。

图 1-12　可用于驾考的北斗高精度定位基准站及终端①

① 来源：北京合众思壮科技股份有限公司产品手册。

科目二考试系统使用的就是静止方式，在考场开阔地带固定好基站，自主解算基站坐标并保存，通过无线链路对外广播基站的差分信息，考试车收到差分信息后，根据自身的移动终端定位进行解算，输出车辆的高精度位置、速度、方向等数据，实时分析考试车与各虚拟传感器的位置关系，评判车身是否压线、是否停在指定位置。

在上述实时技术为小北科目二考试保驾护航的基础上，惯性测量单元的数据也功不可没。若小北考试时遇到恶劣天气，北斗卫星信号较弱，惯性测量单元就能够有效提高恶劣环境下北斗高精度定位定向接收机的抗干扰能力，准确测定考试车辆的运动姿态。

每完成一项科目，北斗驾考终端就通过嵌入的虚拟传感器和考试评判软件，实时报告小北各项考试项目的结果。这些结果一方面通过语言播报对小北进行提醒，另一方面通过串口或网络传输给车载工控机。车载工控机上装载有考试管理软件和视频处理软件，考试管理软件对考试的过程和考试的项目计划及考试人员的身份进行管理，视频处理软件处理并压缩车内驾驶人的视频图像。这些数据和视频信息除了存储在车载工控机内，还通过车载无线网络实时传送至考试中心。当完成所有科目后，小北的考试成绩也就上传至考试中心，小北下车后即可到考试中心领取成绩单。

第二节
考试车

小北走近考试驾车，因为之前对驾培车载设备做了功课，他看到实物并不茫然，知道驾考车的车顶安装了两套卫星定位接收天线、通信天线，他按照控制中心考生信息管理软件远程提示，开门上车，车内有车载显示终端，这些都是他能够看得到的设备，还有一些看不到的设备如传感器检测设备、高精度卫星导航车载终端、车载设备箱、电缆线及其他附件。

这些车载设备主要用于行车轨迹记录、采集和处理考试车辆各种运行数据、各项目考试成绩智能分析判断、录取车内音视频等，该系统可直接输出驾校科目考试中各个项目的判定结果，如车辆侧方停车时是否压边线、压出库线、定点停车是否进入合格区域等。

第三节

考场地图

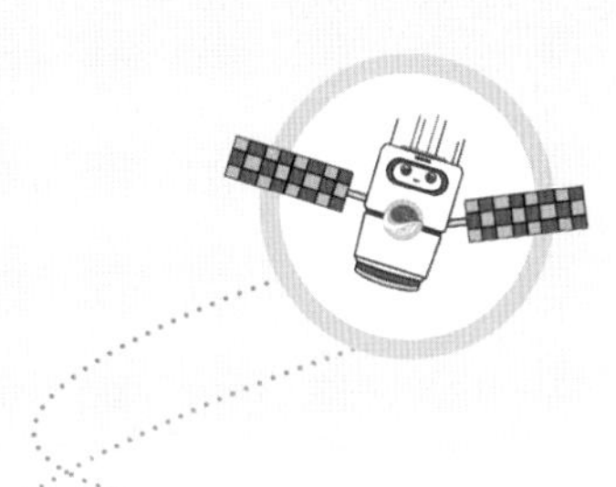

除了车载考试系统外，考场电子地图的精确测绘也十分重要，它是小北考试是否合格的评判标杆。同样，利用 RTK 技术对考场进行厘米级精确测绘，标定出场地上每根线的位置，并给每根线附上属性值，存储到评判软件内。这样，驾考的精确评判就有了保证。考试中，通过高精度定位算法实时计算出车身特征点和车轮特征点的位置，评判软件自动分析计算车辆是否压线。

考试场地电子地图测绘完成后，就要生成相应的数据模型以供后期逻辑判断，从而实现边界判断、区域判断、项目识别、动态识别、航向识别、俯仰角度判断等功能。

考场电子地图与车载考试系统数据结合后，经过后期的美化生成一个平面效果图，每一辆考试车把自身的定位坐标通过定制的协议发到主控室，在电视上显示，这样每一辆考试车在考场内部的位置，无论是在项目内部还是在项目与项目之间的过渡路段都将尽收眼底，一目了然。车辆地图显示不仅可以整体观察所有车辆动态布局情况，还可以有针对性地跟踪某一辆考试车，并可实现地图的放大、缩小功能。

出于好奇，小北向工作人员提出了个人考试过程回放的申请，工作人员输入小北的考试号后系统便自动调出小北考试时所有数据。原来，所有的考试过程均被自动记录在驾考仪中，学员考试中可实时掌握自己的考试结果，如有异议还可以回放。这些过程和结果信息均可同时通过无线网络传至考试中心，考试中心可对考试现场进行监控，如有考试不合格的事件，系统会自动提醒，为后续考试监管提供了数字化基础。

受益于北斗高精度的位置和定向服务，现有90%以上的驾考驾陪系统用上了北斗。北斗驾考系统改变了传统人工判别方法，由北斗自动判别考试结果，实现考试车辆的高精度位置、方向、速度判定，完全满足新驾考标准要求，这为小北此次考试的公开、公平、公正奠定了基础，也为主管部门的监管提供了有力保障。

受到北斗驾考系统的启发，国庆阅兵中的人员、车辆方队也应用了北斗与5G结合终端，实现方队行进中的高精度定位。

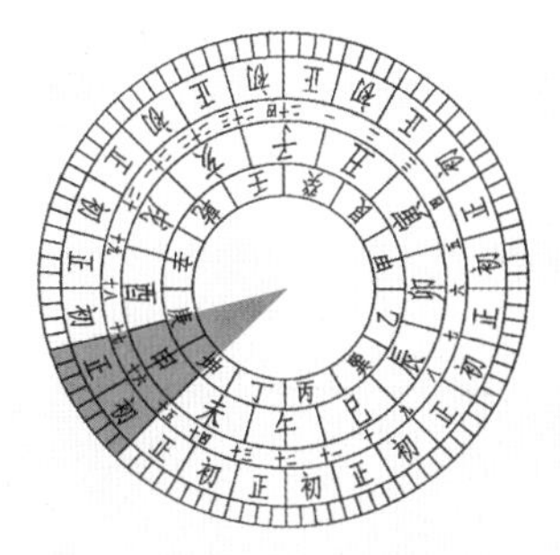

晡时申时

15:00-17:00

渔业：

渔民的海上保护神

小北在回学校的地铁上，看到一个公益宣传视频，视频内容大概如下：我国渔业经济继续增长，水产品产量增加，远洋渔船数量也逐渐增多，由于海洋环境的复杂性和不确定性，沉船数目增加，渔业成为高危产业，存在人员死亡、失踪和重伤的情况。北斗系统凭借集定位、双向短报文和授时服务于一身的独特优势，在渔业生产中起着不可替代的作用，成为渔民的海上保护神。渔民说，现在出海就拜两样东西，一拜妈祖，二拜北斗。目前，我国渤海、黄海、东海、南海等海域的几万条渔船装上了北斗终端，能够在全球范围快速报告位置，同时具备区域短报文功能。在通信手段不健全、不发达的地区，北斗系统优势便更会凸显，所以北斗渔业应用是北斗特色应用的重要方向之一。

第一节
渔业生产

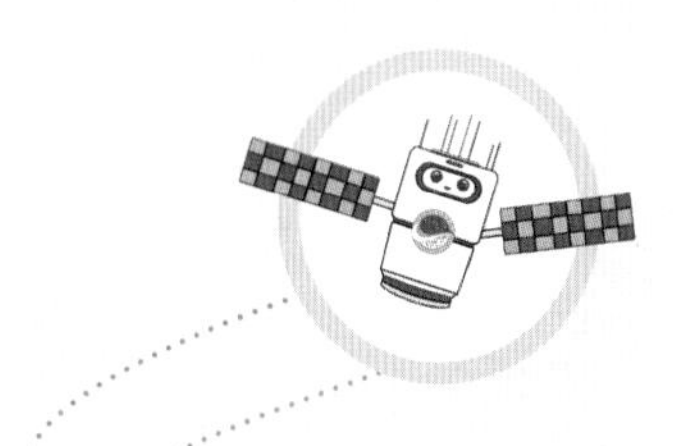

俗话说“靠山吃山，靠海吃海”，渔村的渔民整年的生计都在海洋中，对于渔民而言，海洋是一种矛盾的存在：它既提供着富饶的海产品，代表着村庄的财富；又隐藏着看不见的暗礁和风浪，代表着生活的危险。一旦进入海洋便和岸上音讯隔绝，出海打鱼数百年来都是一种冒险的营生。

近年来，一股来自“天上”的科技力量——北斗卫星导航系统，一直“庇护”着渔民的航行安全。

有了北斗渔船位置监控系统，渔民就能对渔船动态掌握得一清二楚，是否出海生产作业，是否返港停休，这些利用北斗都能完成评估，确保了渔业生产秩序和渔民生命财产安全。

渔船位置监控系统分为船舰卫星终端、地面站、监控指挥中心及渔船物资系统网站。其中，船舰卫星终端获取船舶航行状态数据，经过卫星链路和地面站传送到监控指挥中心；监控指挥中心可以保存并处理卫星传来的数据。此外，渔船位置监控系统具有丰富的操作界面，方便用户便捷获取渔船的动态信息，该系统覆盖范围广，可全天候工作，可靠性高。

北斗渔船位置监控系统在方便渔业管理部门获取渔船位置监控、紧急救援指挥等管理的同时，还提供渔业政策发布、海上台

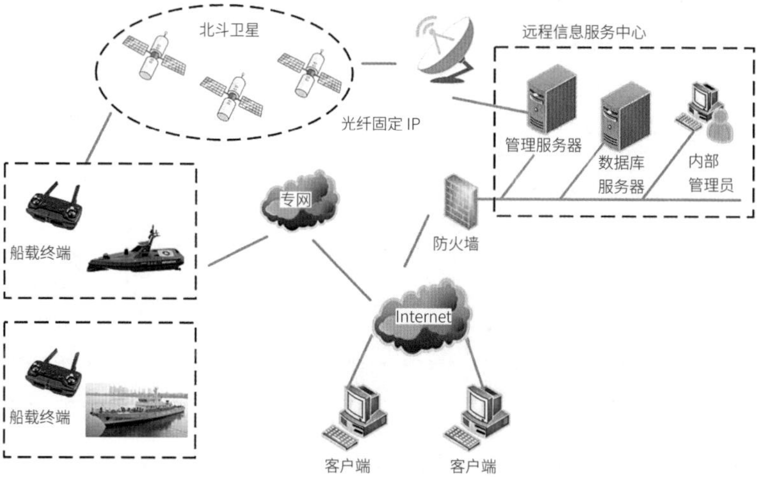

图 1-13　北斗渔船位置监控系统

风通告等功能。在通信方面，该系统可以为渔民提供自主导航、遇险求救等安全生产服务，同时可以实现船与船之间、船与管理部门之间的双向信息互通，以此降低碰撞事故的发生率，并在船舶遇险时进行及时、有效的救援，改善和提升渔业部门的应急组织、指挥、协调能力，提高海上搜救的效率和成功率。

北斗与渔业的融合不仅在于满足渔民迫切的安全需求，更重要的是为渔业提供了一种时空的基准，使得以往孤立的无数渔船，能够统一接入一张巨大的物联网。当无数的船只都成为海洋电子地图移动着的点，渔政部门更高效管理和服务渔民就成为可能；当渔船的遇险数据、作业数据都被真实记录和有效挖掘后，哪片海域有危险、哪片海域渔获较多就会被呈现出来。北斗，成了名副其实的渔民“保护神”。

第二节
船舶识别

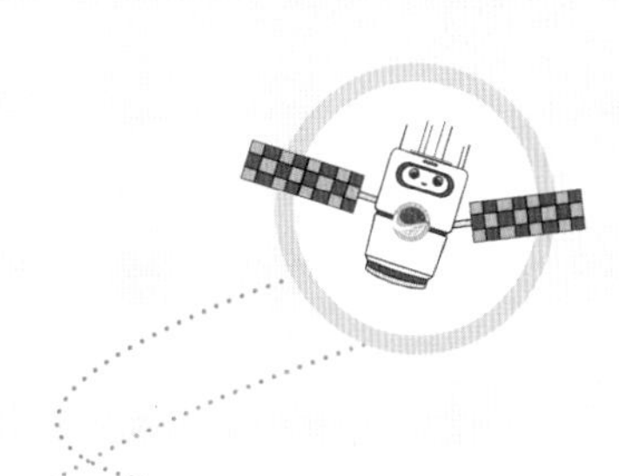

船舶自动识别系统（Automatic Identification System，简称AIS），作为一种新型的助航工具被广泛使用。这是一种新型的集网络技术、现代通信技术、计算机技术、导航技术、电子信息显示技术为一体的数字系统，可以发送船舶自身信息，包括位置信息和其他信息，实现相近船舶提醒及近距离警示，是船舶防撞的新方法。基于北斗系统的船舶自动识别系统是以AIS标准为基础，通过在船舶上安装北斗定位终端、短报文通信模块，实现助航。

船舶自动识别系统由岸基基站设施和船载设备共同组成，基于北斗系统的船舶自动识别系统将船位、船速、改变航向率及航向等船舶动态资料，结合船名、呼号、吃水及危险货物等船舶静态资料，由甚高频（VHF）向附近水域船舶及岸台广播，使邻近船舶及岸台能及时掌握附近海面所有船舶的动静态信息，方便立刻互相通话协调，适情况采取必要避让行动，有效保障船舶航行安全。

第三节

渔业管理

北斗渔业应用与“互联网+”深度融合，现在，点下手机就知道渔船方位、获得天气信息推送、渔业交易信息等，综合的北斗渔业应用平台在各地逐步搭建。新技术、新应用方式，为北斗渔业应用带来新的生机。北斗应用在渔民中不断推广，渔业部门也逐步利用这一高科技进行相应的渔业管理工作，如监管渔船作业、防止非法捕捞等。另外，遇到台风等自然灾害，渔政部门通过北斗系统向渔民发送回港预警信息，可有效防范自然灾害，保障渔民生命财产安全。

北斗系统为各渔业主管部门加强对渔船的规范化管理提供了有效的科技手段，能及时阻止渔船在伏休期从事非法捕捞生产。通过分析导航数据中渔船位置信息与专属经济区、渔业协定区、许可捕捞区位置之间的关系，判断渔船是否在捕捞许可证规定范围以外的海域捕捞，同时也可以通过时间和位置信息来判断渔船是否在休渔区进行非法捕捞。渔业主管部门还可以通过北斗系统及时向海上渔船发送海况和政策法规指导，培训海上渔业生产，有效规范捕捞行为。

表 1-1　船联网的总体架构

层级	层级应用
应用层	船只互救、渔品直销、科学研究、海洋保护
数据层	海事卫星、AIS、北斗系统、移动互联网
传输层	天基支持系统、海基支持系统、空基支持系统、陆基支持系统
感知层	智能航行系统、智能捕鱼系统、智能科考系统

在感知层通过建立船联网来监控人员、渔船和渔网的状态，通过船舶自动识别系统建立船联网与周围商船的相互连接。船联网的建设需要依靠基于北斗系统的船舶自动识别系统、人员定位器和渔网定位器。数据层可实现数据的存储和管理，根据采集要求事先制定好数据库存储格式，主要包括渔船、人员、渔网、商船和气象数据。传输层用于数据上报及分发。渔船系统采集到的数据通过各类网络传到上一级数据库中保存或调用。应用层将采集到的数据投入不同的服务系统中去。船联网通过通信设备在计算机系统与船舶之间传递信息，能够实现多船协同感知和控制。智能船联网在船联网的基础上，增加智能处理、信息预报、特征信息提取等新手段，使船联网应用更加人性化、自动化。

未来，更加智慧的北斗渔业应用会被创造出来，渔民手握一台北斗终端，便能实现定位、通信、交易、求助等一系列功能。越来越多的功能汇集一处，让渔民的各种生产、生活需求不断被满足，北斗将为渔民带来一个又一个的惊喜。

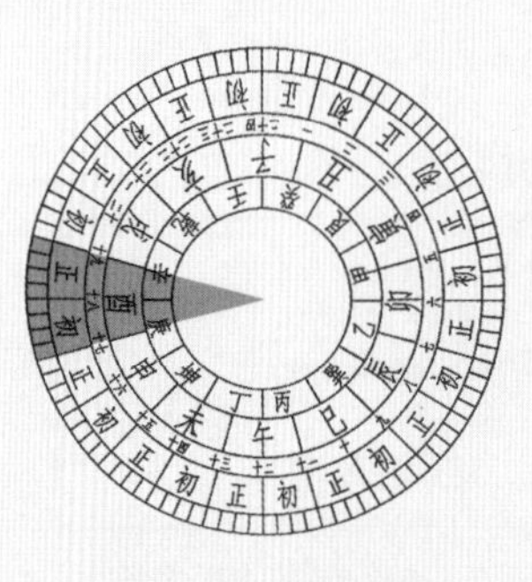

日入酉时

17:00-19:00

金融交易：

让电子交易时间更精准

夜幕降临，道路两旁的路灯在某一瞬间同时被打开，照亮整个城市，小北来到银行自动取款机取钱，他将银行卡插入机器，输入银行卡密码、钱数，他在取完钱后拿到银行的收据，收据上面清晰地写着取钱的时间。小北知道北斗具有授时功能，时间作为科学研究、工程技术和现代社会发展诸方面中的一个基本物理参量，为一切时序过程和动力系统的测量与定量研究提供了必不可少的时间坐标。随着社会进步和科学技术的飞速发展，精确的时间同步对国家经济社会安全的诸多关键基础设施至关重要。基于北斗的高精度授时已经成为金融领域不可或缺的时间基准获取手段，但是北斗是如何走进金融领域的，小北并不是很清楚，他决定一探究竟。

××银行
武装押运

第一节
取 现

现代金融业对精确计时的需求日新月异，新的应用需求和监管要求推动着全球金融业针对新信息和交易使用高度精确的时间戳。金融管理部门通过使用北斗授时功能，实现金融计算机网络时间基准统一，保障金融系统安全稳定运行。

金融业每天以闪电般速度处理数十亿美元的交易，而推动这种需求转变的直接动力，就是时间。金融业为了保证时间的正确性和一致性，引入了时间同步概念，通过选用合适的方式使金融系统内各时钟与高精度的时间基准保持高度一致。超高的时间精度要求推动着金融行业采用卫星授时方式。北斗卫星导航系统上高精度、高稳定性的原子钟及其独特的空间配置，使其授时系统的准确性和开放性远优于其他授时系统。因此，北斗卫星的高精度授时正逐步发展为我国金融行业广泛采用的时间源。

时间向来是有标准的，计时方式也随着社会科技的进步不断发展。纵览计时发展的过程，从“土圭测景”开始，计时器历经了日晷、漏刻、沙漏、机械水钟、机械钟、天文钟、石英钟、分子钟、原子钟等方式，精度越来越高。

当前，金融交易大多使用通信网络，而通信网络时间会受到天气、地理、环境的影响使时间精度变差。时间误差变大可能导致数百万元、数亿元交易的延时，直接关系到公民财产安全。在北斗系统的授时服务中，用户根据卫星的广播或定位信息不断地核准其时钟钟差，因此可以得到很高的时钟精度。由于每颗北斗卫星上都携带有一个或多个精准原子钟，北斗卫星导航系统的高精度授时更加稳定，必将成为金融领域的重要基础保障。北斗卫星导航接收机可以将接收到的卫星原子时信号解码，有效地使每一个接收机与星载原子钟同步，这就使用户能够以万亿分之一秒的精确度确定时间，却不需要自己拥有原子钟。北斗卫星导航系统的授时功能会带来诸多好处：可广泛地分享原子钟时间而不需要原子钟；在通信系统、金融网和其他重要金融领域的基础设施中能够保持精确同步；改善网络的管理和最优化；使可追踪的金融交易和票据的时间标记成为可能。

以股票交易为例，目前我国股民主要通过互联网终端和交易大厅电子显示牌交易，这些交易终端信息的实时性对于交易双方来说十分重要。用户端与证券交易所主机发布的消息是否完全同步往往影响着股票的成功交易。2021 年沪深市场稳步攀升、成交活跃，在 7 月 21 日至 9 月 29 日期间，A 股市场连续出现 49 个交易日成交额破万亿元的情形。[①] 这种情况下证券机构或交易所就需要在一秒之内处理千万条甚至上亿条交易信息，这必然需要针对每项交易都给出对应的时间戳，确定相关交易的先后顺序

① 孙权、徐智勐、朱涛：《北斗系统在金融领域的应用研究与实践》，《卫星应用》2021 年第 11 期。

并按照设定的交易规则完成交易内容。监管机构也可以通过这一时间戳实现对交易数据、交易报告及其事件的监管、监督并避免相关交易由于故意延迟或是为了获得财务利益而被蓄意延迟的恶意竞争行为。

第二节
金融车

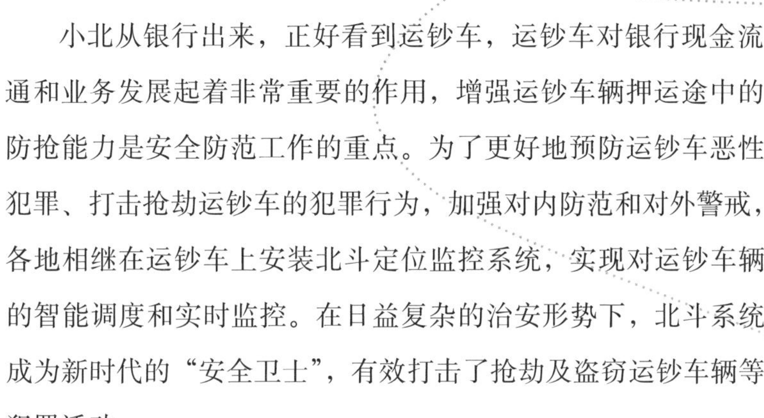

小北从银行出来，正好看到运钞车，运钞车对银行现金流通和业务发展起着非常重要的作用，增强运钞车辆押运途中的防抢能力是安全防范工作的重点。为了更好地预防运钞车恶性犯罪、打击抢劫运钞车的犯罪行为，加强对内防范和对外警戒，各地相继在运钞车上安装北斗定位监控系统，实现对运钞车辆的智能调度和实时监控。在日益复杂的治安形势下，北斗系统成为新时代的“安全卫士”，有效打击了抢劫及盗窃运钞车辆等犯罪活动。

基于北斗系统的金融押运车辆监控管理系统采用了当前最先进的卫星定位技术和数字通信技术，能够随时随地了解运钞车的准确位置和行驶情况，在整个押运过程中保安部门人员也可以和押运人员通话联系。运钞车上非常隐蔽地装有报警按钮，如遇到紧急情况而又不方便喊话报警时，押运人员可以触发报警按钮，同时值班室有警铃响起，监视屏幕上显著标示报警运钞车的当前位置并跟踪其去向。

第三节
网　购

“开始准备秒杀，开始准备秒杀。”小北的闹钟在 17：59 准时响起，小北想起 18：00 要准时去某购物网站限时秒杀洗发水。近年来以互联网为媒介的零售交易活动日益成为大众生活中的重要组成部分。它一般是在限定的时间内，提供一定数量、折扣和优惠的商品抢购活动，如购物网站几乎每天都会开展各种形式的抢购活动，我国春运期间的火车票、汽车票和飞机票等票务销售，很多厂家的新品发售活动等。

其中，最为浩大隆重的当属天猫“双十一”购物狂欢节。据统计，2021 年天猫“双十一”总交易额为 5403 亿元，购物节开始后 2 分钟内即达成了上百亿元的交易额。数据显示，网联、银联当日合计最高业务峰值达到 9.65 万笔 / 秒。① 这些活动由于商品价格低廉或短期内需求量巨大，往往在销售节点一开始就会被抢购一空，有时用时甚至不足 1 秒。上述以互联网为媒介的交易活动需要在短时间内处理大量的交易信息，必然也需要针对每项交易给出对应的时间戳，确定交易的先后顺序以避

① 中国人民银行：《“双十一”支付业务和居民消费稳步增长》，2021 年 11 月 12 日，见 https://mp.weixin.qq.com/s/lPsWN4GK-kGbY5b-_vinHRA。

免纠纷。

北斗高精度授时服务在金融领域具有广阔应用前景，它能够为金融领域提供高精度的时频保障、规范金融交易行为，推进并建立金融领域的北斗时间基准，对于推进金融行业的健康发展和北斗卫星导航系统规模化应用具有重要意义。

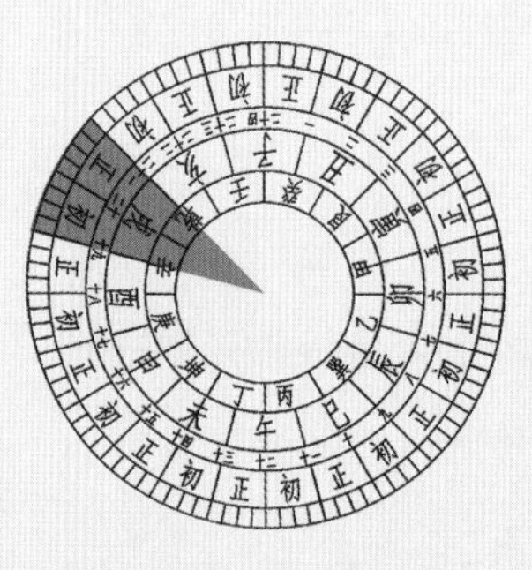

黄昏戌时

19:00-21:00

大数据融合：

助力生活互联互通

当今社会，“北斗”与智慧生活已密不可分。北斗与云计算、大数据、物联网、5G 深度结合后可助力“城市智慧大脑”“智慧港口”等领域发展，深刻改变人们的生产生活。

搭载北斗现代数字科技后，地跨皇家园林遗址的海淀公园焕发古韵新风，成为新的“网红打卡地”。正值“2021 北京数字经济体验周”，小北来到位于北京市海淀区新建宫门路 2 号的海淀公园，体验了一把“未来空间”。

第一节

数字城市

近年来，“数字城市”越来越被人们所熟知。数字城市是一个静态的物理空间，如果将城市中流动的人、车、物和水、电、气等要素装进电脑，就可以达到数字孪生的水平。借助北斗系统、物联网、云计算、大数据以及人工智能的加持，就可以实现北斗与智慧城市的有机融合。

新型智慧城市的建设从架构逻辑来划分主要分为三层：感知、智脑和应用。北斗的主要作用就是感知。这种感知并不仅仅是传统意义上的数据采集，而是数据的采集和自处理一体化。智脑则负责大数据的融合和分析，从而最终产生更多的应用可能。

为什么说新型智慧城市更需要北斗呢？因为北斗的定位、导航和授时功能为新型智慧城市的建设提供了空间和时间信息。北斗导航技术使得新型智慧城市得以网格化，高精空间信息使得智慧城市坐标轴化和像素化，高精时间信息使得智慧城市时间轴化和序列化。

北斗对城市的感知绝不是简单的采集和使用这么简单。为了使数据更准确，北斗数据必须经历采集、清洗、加工，最后存储到智脑，再进行分析、共享等。

近年来，北斗已经强势赋能智慧城市，助力智慧中国的建设。随着北斗三号全球组网的完成，“北斗 + 智慧城市”在国内外都已经开始大展身手。

海淀公园作为全国首个人工智能（AI）科技主题公园，已成为“北京数字经济体验周”的“网红打卡地”。

小北进入园区，首先映入眼帘的是一个智能导览系统，初来公园的游客可以据此查询所有景点和服务。通过语音输入自己感兴趣的景点，系统能自动规划出一条最近的游览路线。

在智能步道上，通过扫码录入个人信息，系统便可自动记录步数、行走路径、总里程、消耗热量、平均速度等信息，提供更精准的运动建议，游客还可以开启不同速度模式的竞速交互体验，给跑步添加更多娱乐体验。

智能灯杆、增强现实场景体验太极、电音花园、无人车、智能语音亭、智能座椅、稻田灌溉，海淀公园多项交互体验项目不断引起小北的兴趣。在“未来空间”场馆内，小北进入虚拟现实与交互技术创建的数字畅春园，全面感受了畅春园的昔日盛景。

在公园管理方面，小小的垃圾箱凝聚了北斗智慧城市的重要成果。工作人员给垃圾桶安装了支持北斗系统的芯片，终端能够自动探测垃圾桶里的垃圾存放量，精准解决垃圾桶漫溢难题。此外，公园内环卫车辆也全部装上了车载北斗终端设备，管理人员可以实时监管车辆作业情况，包括出车时间、驾驶速度、行驶轨迹等信息，对车辆动态信息实行全方位、全时段跟踪、监控、识别和管理。

北斗系统在智慧城市中可应用的领域不胜枚举，比如交通领域的包括“两客一危”在内的车辆实时监管、公安系统中对特殊人群位置追踪、移动通信基站间的时间同步及位置标定、银行交易系统中的精确时间获取、电力行业中的高精度授时、石油石化行业钻井平台及输油管线的监管等等。当前，随着移动位置服务、智慧城市建设、物联网建设的快速发展，北斗系统正以更加开放和融合的姿态拥抱城市建设，未来也将进一步向着多元融合发展，逐渐适应复杂室内外综合环境的高精度、大覆盖、高实时、高可靠、低成本、可扩展等要求，实现智慧城市的成熟应用。

第二节
智慧港口

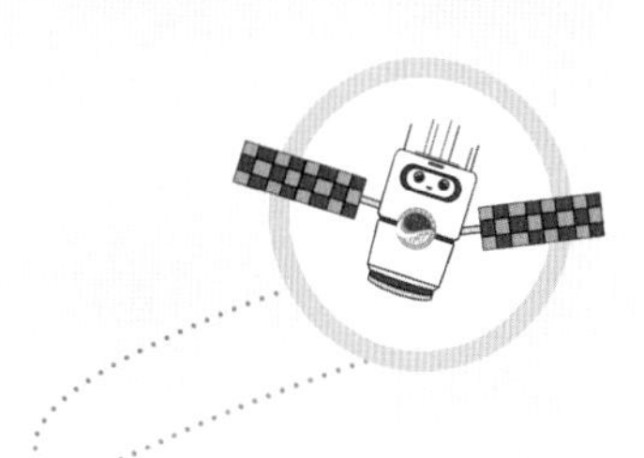

今日运动量达标，小北乘地铁返回学校。手机接到推送消息，“一款针对港口场景的商用高精度卫惯组合导航系统亮相第十二届中国卫星导航年会”。目前，该系统已应用于广州港南沙港区四期，助力广州港成为全球首个基于北斗高精度定位的智慧港口。

据了解，以往的自动化码头采用磁钉导航，通过在码头地面布设磁钉，自动导引车上配置射频天线、感应磁钉循迹进行导航。磁钉导航需要铺设磁钉，对场地有一定的要求，该方式建设成本和维护成本高，不利于老旧码头的升级改造和新建码头自动化的发展需求。

为解决这一痛点，北斗技术研究人员从北斗高精度应用角度切入，力求开辟港口复杂区域自动作业新模式，创新融入新一代物联网感知、大数据分析、云计算、人工智能、5G 通信等先进技术，成功打造全球首创“北斗导航无人驾驶智能导引车 + 堆场水平布置侧面装卸 + 单小车自动化岸桥 + 低速自动化轨道吊 + 港区全自动化”的新一代智慧码头。

北斗卫星导航系统在智慧港口的运营管理时空化、集疏运调无人化、生产作业自动化等方面发挥着重要作用。

基于北斗技术的港区人员及设备运营管理平台包括人员管理系统、设备管理系统、码头形变监测系统等。通过该系统可以与生产运营、管理等信息整合，解析汇聚成港口时空大数据，搭建统一的港口码头时空数据平台，形成多源、多维、多场景的港口时空数据体系，可以有效帮助解决港口人员多、分布散引发的安全管理问题，降低港区大型重型机械设备、运输车辆安全生产危险事故发生的概率，提升港口的智慧管理和运营能力。

随着北斗系统卫星的组网完成，“自动驾驶”功能正在改变码头的工作模式。基于北斗技术的高精度定位自动驾驶系统，运用最新的北斗定位技术——实时载波相位差分定位技术，采用嵌入式系统的工作方式，运用自主设计的硬件底板和软件实现实时信号采集、运算和输出控制信号，实现高精度、全天候的集卡车、自动导引运输车、轮胎吊、跨云车自动驾驶功能。

此外，“北斗 +5G”智能自动导引运输车和集卡车摆脱了“磁钉”的束缚，使用北斗系统和高精度地图来获取港口的时空信息，通过 5G 网络传输数据，赋以自动导引运输车和集卡车更加智慧的“大脑”，使小车能够感知 200 米以内的各类物体，定位精度控制在 5 厘米的范围内。

在全球港口加快升级创新的背景下，港口的智能化建设已被作为提升港口核心竞争力的重要手段，而北斗卫星导航技术为智慧港口“赋能”具有更加准确的定位精度、适应更加安全的网络操作环境。以北斗系统为基础的国家综合定位、导航、授时（PNT）体系是未来智慧港口的重要支撑基础，将全方位加速港口向数字化、智慧化转型升级。

第三节
“北斗+5G”强强联手领跑未来

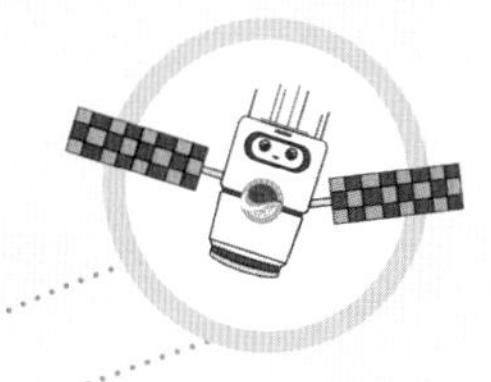

2022年北京冬奥会在全球新冠疫情肆虐的情况下，一系列“无人化”服务惊艳了世人：无人驾驶中型巴士、无人驾驶大型清扫车、无人驾驶共享轿车等多种自动驾驶车辆承担运动员接送；消毒机器人、做饭机器人、送餐机器人等“黑科技服务”高效精准。这些都是基于北斗提供的厘米级高精度定位服务以及5G园区的建设，“北斗+5G”为北京冬奥会增添了无限的科技魅力，小北深深为这场北斗赋能的“科技冬奥”感到骄傲和自豪。

北斗和5G，这两大“国之重器”看似天地相隔，却注定产生交集。“北斗+5G”是彼此赋能、彼此助力的关系。随着5G和北斗的到来，“北斗+5G”的应用技术也将纷至沓来，物与物相连的新应用被打开，也更“接地气”。

全国政协委员、北斗卫星导航系统工程总设计师杨长风院士曾说，未来北斗系统和5G结合后，将充分发挥北斗系统融网络、融技术、融服务、融终端、融应用等天然特性，基于“高精度定位、高精度时间、高清晰图像”智慧城市、智慧制造、智慧农业、智慧家庭等领域提供新的服务。冬奥让大家体验到了“北斗+5G”的魅力。今后，北斗与5G还将共同为数字“新基建”

发力。二者强强联手，将给人们带来前所未有的体验。那么二者将如何深度融合、彼此赋能？

5G是智能化时代的基础设施，其“极高速率、极大容量、极低时延”的特征可为未来虚拟现实、智能制造、自动驾驶等应用需求提供基础支撑。北斗作为全球性、高精度时空基准，其全球性的特点能支撑全球时间的精确同步，可在广域甚至全球范围把感知时间和位置的能力赋给5G。

据统计，在2020年，我国卫星导航与位置服务的市场规模超过4000亿元。未来，随着技术不断成熟，“北斗+5G”有望在机场调度、机器人巡检、无人机、建筑监测、车辆监控、物流管理等领域广泛应用，将催生更多的新技术、新需求与新业态。

因此，对于“北斗+5G”的发展路径，相关学者也提出了“四步走”：

第一，实现北斗与5G基站的集成融合，拓展出更多新应用和新能力。

第二，5G网络加载北斗地基增强信号，提供基于5G的地基增强时空位置服务，让5G网络本身不仅接收北斗信号，而且每个基站都有位置信息，也可以发出北斗增强信号。

第三，构建远程实时控制和信息安全的“人—机—物”融合系统，使虚拟空间、实体空间和人三者形成一个融合系统。

第四，实现室内外一体化的导航定位授时，实现陆、海、天、空、水下、室内都能入网、感知。

“北斗 +5G”的结合，最重要的是实现信息的时空位置可感知、可计算、可测量、可控制。先进的 5G 搭配一流的北斗，产业融合将更智能，“北斗 +5G”相互赋能融合，将会大有作为，也将迎来巨大的挑战。

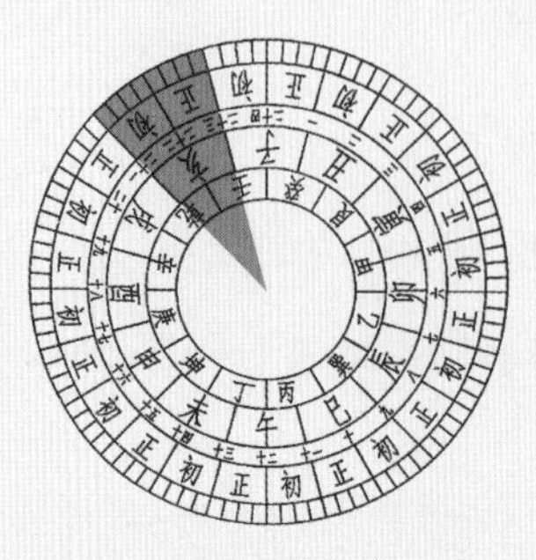

人定亥时

21:00-23:00

夜间执法：北斗帮你异常报警

晚上 10 点，夜幕降临，斑驳的灯光栖息于错落楼市间，路灯渐渐暗淡下来，漫天的星光照耀大地，给这座城市蒙上了一层神秘的面纱，静谧地进入休息状态。

小北返回学校，看到辛苦劳作的井盖检修工人、燃气检修工人正在为即将到来的寒冷冬天做准备，学校旁的危房岌岌可危。小北担忧起来，当工作人员下班后，这些隐性危害该如何解决呢？小北抬头仰望，漆黑的天穹里布满了点点生辉的星星，显得格外耀眼。小北知道，北斗卫星就像这耀眼的星星，正为城市夜间安全保驾护航。

第一节
井 盖

“城市的井盖成千上万，分属不同部门，原来井盖丢失后，水务部门往往率先接到报警，第一时间赶到现场，却经常发现可能是电力或通信部门所管，又转报所属部门，就是这段空白期，经常造成城市的安全隐患。”

如今，随着城市化进程的加快，市政公用设施建设发展迅速。其中，马路井盖作为城市基础设施中非常普遍的环节，不仅是对地下管网设施进行维护、检修的重要窗口，更关乎市民“脚下的安全”。那么，管理部门如何才可以进一步强化井盖设施的监管工作呢？北斗系统给出了更好的方案。

通过北斗技术的“武装”，实现后台的精确定位、实时监控，只要发生异常移动，井盖下的传感模块将拉动“警报”，并且可以对所有井盖分门别类地准确定位，定位精度可达分米级，数据传输到所属部门后，通过井盖上的北斗导航终端和感应器装置，第一时间就可以明确辨析出现问题的井盖归属，马上解决相关问题。

北斗智能井盖监控预警系统主要由系统平台、移动端、北斗高精度监测终端、智能水位监测终端、智能气体浓度监测终端等组成，可支持井盖状态远程监控、井盖统一管理、巡检人员管理、异常情况处理、健康汇报查询等功能。基于物联网的智能井盖监控预警系统平台，可以对城市中各个部门的井盖进行实时的远程监控、历史数据管理和用户信息统一管理，提高管控效率；基于轨迹分析和倾角检测的井盖监控器，可以实时监控井盖的运动状态，当井盖发生翻转或是移动后会第一时间启动报警并通知监控中心。

此外，该系统具有的数据分析功能，可提供更为准确的业务操作考核评判依据，对城市的精细化管理提供有效支持；对地井的安全监控、远程报警、智能唤醒、及时处置等功能，在保障居民出行安全的同时，可进一步提高市政管理的信息化、智能化水平。智能井盖系统满足了智慧城市建设的行业应用发展需要，助力建设更加安全、可控的智慧型城市。

其实，井盖背后还隐藏着更大的“棋局”。通过井盖可以拓展到地下管网的监控，成为地下物联网的节点。如今，城市管网特别是水、气等普遍存在跑冒滴漏，一些老旧城区自来水的损耗率甚至超过 30%。通过在管网布置传感器，加上北斗定位，只要有问题就可以通过井盖节点传输到后台，利用北斗精准定位找到“出血点”。

通过安装北斗智能井盖，“北斗 + 数据”融合创新，更好地防止夜间因井盖缺失引发的事故，保障人民群众的生命安全。

第二节
燃　气

城市燃气作为城市基础设施的重要组成部分，直接关系着城市生产生活秩序，加之燃气自身特性，一旦发生泄漏，将对人民群众生命财产安全造成严重威胁。

随着北斗技术广泛深入应用，城市燃气安全性正逐步得到改善。深入城市基础设施的北斗应用，在极难攻克的城市燃气领域，正在发挥着越来越不可替代的重要作用。

（1）高精准检测——北斗让燃气泄漏风险无所遁形

2021 年 6 月 13 日，湖北省十堰市张湾区艳湖小区发生天然气爆炸事故。北斗高精准燃气泄漏检测车迅速到达现场展开工作，为十堰市进行全城快速“体检”。

两辆检测车基于北斗精准定位能力，以每小时 60 公里的速度快速行进，并实时锁定地面泄漏溢出点坐标，检测灵敏度可达到十亿分之一，比传统的检测设备灵敏度提升了 1000 倍。仅用 2 天时间，该团队即完成了十堰市全部燃气管网的检测工作，为当地政府和事故现场指挥部抢险行动提供了重要依据。

据介绍，检测车可根据实时泄漏数据、气象数据、管线数据及北斗精准时空数据，快速定位风险点，实时生成泄漏风险云图并进行三维可视化展示，让管理者直观掌握全市范围内的燃气隐患信息，为指挥决策提供直接依据。

与此同时，北斗高精度定位技术与其他高科技技术结合，可快速识别整个管网的泄漏风险点，使检测效率大大提升，为隐患排查提供重要的参考，赢得宝贵的抢修时间，有效防止次生灾害发生，成为事故灾后排查不可或缺的重要技术支撑手段。

（2）智能巡检机器人——北斗奠定无人值守场站的数字化基石

作为石油天然气运输的重要组成部分，油气场站工艺复杂，且易燃易爆，对高效智能管理需求迫切。

除了抢险应用，北斗技术也在燃气自动巡检方面得到了应用，包括像城市门站及液化天然气、石油气的储存站，解决了监管不到位、数据采集不及时的问题。

北斗智能巡检机器人将北斗精准位置服务与高精度传感器、5G 通信、人工智能和非接触式检测等多种前沿科技拓展融合。

机器人能够全面捕捉安全隐患信息，并进行分析评估，具有全天时、全天候监测场站运行状态的能力。在北斗精准服务构建的统一时空基准下，各业务数据互联互通，为油气场站数字化奠定稳固基石。

通过数据综合分析，机器人能够迅速识别异常情况，向管理者发出异常提示，为场站管理工作提供重要支撑。同时还可以根据指令，代替工作人员进行危险环境状况排查，在提高工作效率的同时，进一步保障人员人身安全。

北斗在油气场站的典型应用，对进一步提高巡检作业效率和精度，助力油气场站降本增效，提升油气企业安全水平意义重大。

北斗精准服务的应用改变了燃气领域传统的工作方式，促进燃气管网更高效安全地运行。当前，北斗在城市燃气领域的应用已实现全业务链覆盖，为提升燃气企业管理水平和工作效率作出了重要贡献。未来，北斗在城市基础设施管理中的创新融合应用还将不断深入，基于行业应用实践经验及基本覆盖全国的北斗精准服务网，北斗应用可“攻克”的领域也将进一步拓展。

第三节
危　楼

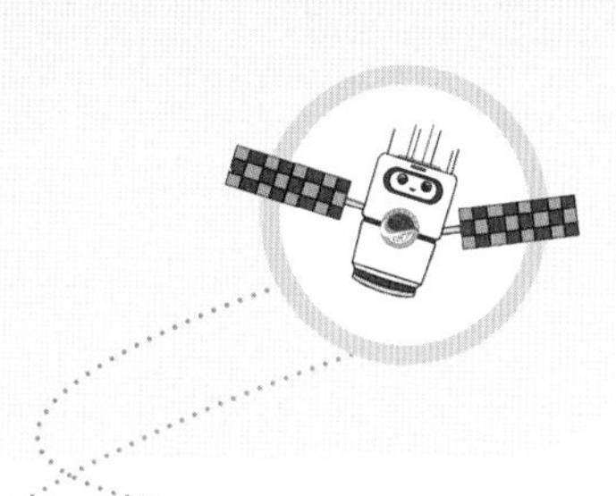

“住有所安”是老百姓最基本的生活愿望。房屋是供人们进行生产作业或其他活动的空间场所，它受到地壳移动、风吹、腐蚀、作业承载不均等影响，都会产生一定的起伏波动和姿态变化，如果超过一定界限，房屋就会产生变形、翻倒等致命的危险。

传统人工检测方法的自动化、实时性、集成化程度较低，仅仅依靠人工巡查，无法实时发现建筑安全隐患，更难以保证全面覆盖城市中的所有隐患建筑。

但随着房屋结构和规模的不断扩大，大量建筑的安全性能评估亟待实测数据支持。北斗卫星导航系统为这些危旧房屋装上了“听诊器”，运用北斗高精度定位功能对房屋安全进行全天候、全天时、全方位的监测，既能克服传统监测系统存在的缺陷，又能全面了解房屋各时期的变化，可以更有效地掌握房屋的运行状态，及时发现问题，确保房屋安全。

在危房变形的敏感区域布置北斗监测终端和不同类型的传感器，在稳定的区域顶部布置北斗基准站，然后通过数据传输系统把基准站和监测站的原始数据同时发送到监测服务平台的北斗数据处理软件，通过基站和监测站之间的基线解算获取监测站高精度的实时三维坐标，监测服务平台同时接收不同类型传感器的实时监测数据，实现监测数据的分析、成图、预警、报表。

针对危房的特点，为了实现危房监测的实时报警与提前预警，危房动态监测服务应运而生，主要功能有：

（1）监测平台在实时监测过程中，可自动发出分级报警信息：根据危房关键部位的应力、位移和加速度等监测指标设置该物理量的阈值，阈值的设定依据测量统计、计算分析、建筑荷载试验等综合确定。

（2）监测平台自动记录在各种荷载作用下危房主要被测参量（如建筑物特征点位移和姿态变化量等）随时间或环境温度而变化的情况，给出主要被测参量随时间或环境温度变化的曲线。

（3）可自动将各种环境荷载作用下危房主要被测参量的当前值与以往相同环境温度条件下的参考值进行对比，一旦发现某参量的数值发生突变，系统随即自动发出预警信号以提醒管理部门注意，并根据监测数据结果及时查明该参量发生突变的原因，分析和判断位移和姿态可能发生的损伤。

"系统能够监测到毫米级的移动变化，即便是大货车经过引起的地面震动，都能被感知。"工作人员通过仪器监测及时发现和分析问题，精确度以毫米为单位，比人工巡查精确度提高了一大截。这些收集的数据对进一步变形分析具有重要作用，也为下一步处置工作提供了重要的帮助。

得益于北斗高精度定位技术，系统能快速依据此前危房的"病历"，判断出房子的"病症"。如果房子的倾斜、沉降超过一定的安全值，系统会立即发出警报，为人员撤离与救援争取宝贵时间。

第四节
公　路

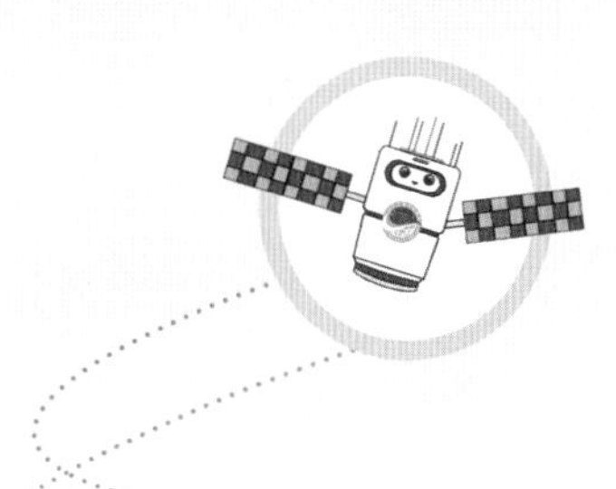

随着我国公路建设的飞速发展，公路基础设施的综合防护需求日益突出。我国山地丘陵众多，地质灾害时有发生，有效的边坡安全监测系统，是保障公路畅通、及时应对灾害的最有效途径之一。

对于公路监测而言，通常存在目标占地面积大、监测环境较恶劣复杂以及检测技术要求偏高的情况，因此对公路变形监测上采用常规方式并不能够保障监测有效性，且劳动强度较大，需要监测人员花费大量时间，在自动化方面处于欠缺状态。

将北斗导航技术用于公路监测，不受通视条件的限制，选点灵活、实时监测、高自动化，可以根据监测需要，将监测点布设在对变形较敏感的特征点上。相对于传统人工定期检测，具有更高的定位精度、更快的应急反应速度、更强的自动化程度、更实时的观测能力。研究发现，在采用了北斗技术实施水平位移观测后，能够有效发现公路变形在 2 厘米以内的位移矢量；即使在高程测量下也能够将精度控制在 10 厘米之内。

换言之，在大中型监测中北斗的作用更强，应用范围也更广泛。因此，对于公路而言，其变形监测利用北斗导航技术是完全可行的，并且在操作上更为简单便捷，降低了操作人员劳动强度。加上这种技术在使用时受天气影响程度较小，因此能够实现全天候监测作业，极大提升了监测效率。

实践证明，该手段运行连续、稳定，是公路边坡的全自动、高精度、远程、实时监测的有效途径。随着我国北斗卫星系统的发展，基于北斗导航技术的公路基础设施安全监测手段将更加健全与完善。

第五节
桥　梁

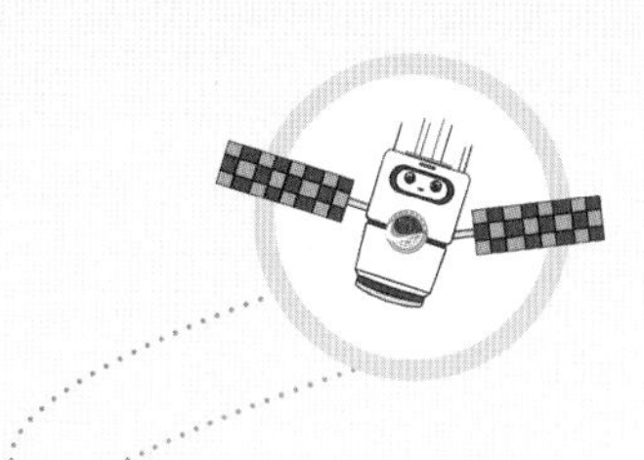

2021 年 7 月 28 日，湖南三汉矶大桥拉索突发抖动，事发后，抢险技术人员携带设备在 1 小时内赶到现场，根据现场险情和积累的技术经验，在极短时间内作出判断，建议封闭交通，20 分钟内完成全桥交通封闭。采用北斗高精度定位技术，事后 2 小时便科学判定了拉索振动的原因，及时提出了危机解决方案，使桥梁状态恢复正常。

之所以能够这么迅速发现并处置故障，正是因为三汉矶大桥采用了“北斗 + 安全智能监测预警云平台”及时对全桥和吊杆的振动情况进行自动化监测。监测数据能通过手机应用软件、电脑端随时查看，让运营管养单位足不出户，就能随时了解大桥的安全状况；若有险情，还能第一时间自动发出预警。

我国是一个名副其实的“桥梁大国”。近年来，随着国内大型桥梁工程建设规模和速度的快速增长，各种桥梁工程事故隐患也大量增加，桥梁结构变形监测需求愈加凸显。基于北斗导航技术的变形监测理论与方法，是当前广泛采用的变形监测新技术之一，将卫星定位终端与其他传感器结合，已成为桥梁健康监测的技术发展趋势。

相关数据显示，目前我国公路桥梁数量已超过 80 万座，铁路桥梁超过 20 万座。根据桥梁实际情况，结合高精度北斗形变监测技术、计算机技术、网络通信技术实现连续观测与数据的自动处理，对桥梁沉降、位移、倾斜等变形的自动化监测预警，可以更有效地掌握桥梁的实时位移变化，掌握桥梁的运行状态，及时发现问题，确保桥梁的安全。同时，为桥梁提供更可靠的安全监测信息，克服传统监测系统存在的缺陷，避免大桥灾难性事故的发生，指导预防式维修管理。

通过对桥梁的综合状态实施系统检查、科学分析、客观评估，使管理者能够准确掌握桥梁结构的安全性能和耐久性能，进而采取更加具有针对性和预防性的管养措施，确保桥梁运营安全。

图 1-14　北斗桥梁监测系统①

① 上海司南卫星导航技术有限公司：港珠澳大桥上的北斗高精度桥梁监测设备。

同时，借助现代信息手段和专家诊断分析系统，可以更加精准地分析、判断和预测桥梁变化，为桥梁科学管养和桥梁设计、施工的优化提供科学、客观的依据，从而提高桥梁安全度，降低桥梁建设和运行的综合成本。

第二篇

CHAPTER TWO

七大服务，点亮北斗星光

对于像小北这样的“00 后”年轻人来说，“北斗”这个名字会让他们联想到天上的北斗七星。在他们看来，“嫦娥”探月、北斗组网、天问奔火、“羲和”逐日等举国瞩目的大事件，名字浪漫而大气、振奋人心，鼓舞了全国人民。

古有北斗七星，今有北斗导航七大服务。小北想深入了解北斗卫星导航系统为用户提供七大服务的详细情况，于是他打开搜索引擎，查阅北斗官网最新发布的《北斗卫星导航系统公开服务性能规范》，不禁感慨道：“北斗可真牛，一个系统完成了七种各具特色的服务。”北斗系统不仅能够提供基本和高精度的位置时间服务，还能发短信、国际搜救，可谓北斗闪耀，泽沐八方！

表 2-1 七大服务部署

	服务类型	信号 / 频段	播发手段
全球范围	导航定位授时	B1I、B3I	3GEO+3IGSO+24MEO
		B1C、B2a、B2b	3IGSO+24MEO
	全球短报文通信	上行：L 下行：GSMC-B2b	上行：14MEO 下行：3IGSO+24MEO
	国际搜救	上行：UHF 下行：SAR-B2b	上行：6MEO 下行：3IGSO+24MEO
中国及周边地区	星基增强	BDSBAS-B1C、BDSBAS-B2a	3GEO
	地基增强	2G、3G、4G、5G	移动通信网络 互联网络
	精密单点定位	PPP-B2b	3GEO
	区域短报文通信	上行：L 下行：S	3GEO

注：中国及周边地区即东经 75 度至 135 度，北纬 10 度至 55 度。

基本定位导航授时服务

小北看着手里的手机，“我的手机里使用北斗了吗？手机里的时间位置信息是哪里来的呢？”一系列问题浮现脑海。

作为全球卫星导航系统，北斗并不需要任何的软件支持或应用软件安装。很多人都误以为北斗系统是一款软件或者是一个应用软件，需要下载安装才能使用，其实并不是如此。

截至 2021 年，中国境内支持北斗的智能手机出货量超过 3 亿部，北斗三号短报文已实现与智能手机、手表信息互通。我们的北斗，正让我们的生活变得更加智能、更加便捷。

原来我们的智能手机早就用上了北斗，但为什么大家并没有感觉到呢？

关于这个问题，北斗官方曾给过答案：

“因为刚开始我们用卫星导航的时候，当时全世界用得最多的就是美国的 GPS 系统，GPS 其实是美国导航系统的一个英文缩写，大家习以为常一说卫星导航就容易想到GPS。我们的手机厂商、地图软件的制造商也往往用GPS来代替所有卫星导航系统。其实走到今天，卫星导航已经是多系统兼容共用，包括GPS、格洛纳斯（GLONASS）、伽利略（Galileo），当然更包括北斗。”

也就是说，你每天都在用的百度地图、高德地图等软件，都已经在使用北斗了，地图导航时能精确找到各种不知名的小地方，这其中就有北斗的功劳。

那么，日常生活中手机的位置时间服务是如何实现的呢？

PC数据同步	支持（预置Hisuite）
OTG	支持（反向供电时最大输出电流1A/5V）
红外遥控	支持
定位	支持GPS (L1 + L5双频) / AGPS / GLONASS/北斗(B1I+B1C+B2a+B2b四频) / GALILEO (E1 + E5a + E5b三频) / QZSS (L1 + L5双频) / NavIC
手机投屏	支持

图 2-1　手机中的北斗

第一节
从有源到无源

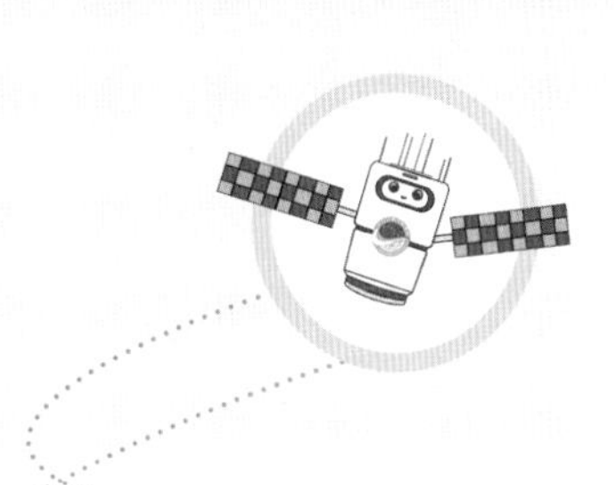

与北斗系统的发展同步，北斗定位原理也从北斗一号的有源定位逐步进化为北斗二号的无源定位，转变后依然保留了北斗一号引以为豪的通信功能，这使其能够在地面公共通信网络中断的情况下仍可为用户提供通信服务。

（1）北斗一号——有源定位

以北斗一号两颗卫星（卫星坐标已知）为球心，两颗卫星到用户机的距离为半径（约为 36000 千米）分别作两个球。两个球必定相交产生一个大圆，用户机的位置就在这个大圆上，如下图所示。需要指出的是，地球并不是光滑的球，地球表面有高山有

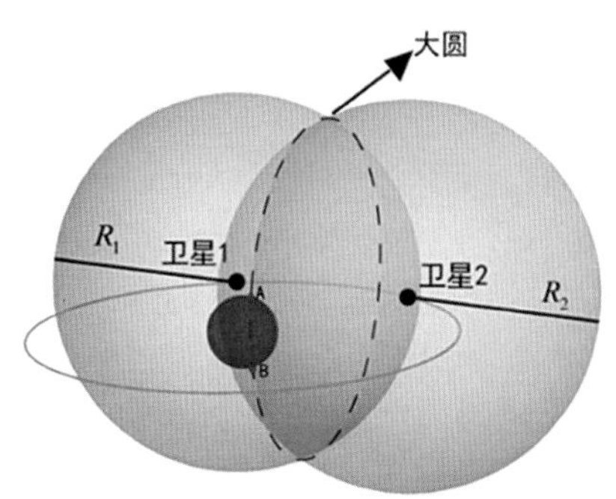

图 2-2　北斗一号定位原理

峡谷，是凹凸不平的，这会让大球相交计算距离时变得更为复杂，需要运用高次曲面的相关知识，而科技人员运用自己的智慧解决了这个问题[①]。

这个大圆和地球表面不是在北半球和南半球分别交于 A、B 两点吗？而我国在北半球，那么就可以确定出用户机的唯一位置了。北斗一号实现定位导航授时服务离不开地面中心站，定位有两种模式：单收双发和双收单发。

单收双发是什么意思呢？中心站定时向两颗卫星发射询问测距信号，然后用户机只接收和响应其中一颗卫星转发的信号，而后用户机向两颗卫星发射响应信号，最后两颗卫星向中心站转发这一响应信号，完成一次信号的传输。

双收单发就是中心站定时向两颗卫星发射询问测距信号，然后用户机先后接收和响应两颗卫星转发的信号，而后用户机向其中一颗卫星发射响应信号，最后由这颗卫星向中心站转发这一响应信号，完成一次信号的传输。

我们发现，测量距离不是卫星到用户机之间的距离，而是用户到卫星再到地面中心站的距离之和，绕了一圈，这是因为北斗一号建成的时候国内原子钟研发还处于瓶颈期，不能精确测量出卫星发射信号的时刻。

（2）北斗二号、北斗三号——无源定位

到了北斗二号，采用无源定位信号体制，测量的距离为卫星

① 杨元喜主编，卢鋆、张弓、高为广、郭树人、张爽娜：《北斗导航》，国防工业出版社 2022 年版。

到用户机之间的距离，同时比北斗一号多了一颗卫星，如图 2–3 所示。

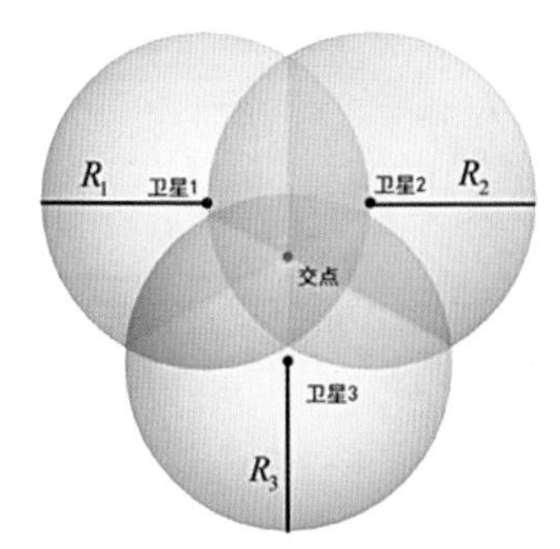

图 2–3　北斗二号和北斗三号定位原理

以北斗二号三颗卫星（卫星坐标已知）为球心，三颗卫星到用户机的距离为半径分别作三个球。三个球必定相交于两个点。设三颗卫星到用户机的距离半径分别为 R_1、R_2、R_3，三颗卫星发射信号的时刻分别为t_s^1 t_s^2 t_s^3，用户机接收时刻为t_r，三颗卫星的坐标分别为 (X^1,Y^1,Z^1)、(X^2,Y^2,Z^2)、(X^3,Y^3,Z^3)，接收机的坐标为 (X,Y,Z) ①，那么可以列出方程式如下：

$$
\begin{cases}
R_1 = c(t_r - t_s^1) = \sqrt{(X^1-X)^2+(Y^1-Y)^2+(Z^1-Z)^2} \\
R_2 = c(t_r - t_s^2) = \sqrt{(X^2-X)^2+(Y^2-Y)^2+(Z^2-Z)^2} \\
R_3 = c(t_r - t_s^3) = \sqrt{(X^3-X)^2+(Y^3-Y)^2+(Z^3-Z)^2}
\end{cases}
$$

我们知道，距离等于速度乘以时间。无线电传播速度（光速 c）已知，通过测量无线信号从卫星发射到用户机的时间，就可以得到卫星与用户机之间的距离。

理论上三个观测量就能解算出用户的位置，但是现实做不到，还是钟的问题。虽然北斗二号搭载了精确的星载原子钟，但是没办法每台用户机都配原子钟。用户一般采用石英晶振，会与

① 杨元喜主编，卢鋆、张弓、高为广、郭树人、张爽娜：《北斗导航》，国防工业出版社 2022 年版。

原子钟有一个偏差。举个例子，原子钟现在是 8 点整但用户机是 8 点 0 分 30 秒，那么这两个之间的钟差就是 30 秒。

那怎么办呢？用四颗卫星。建立观测方程式，这时候需要引入“钟差”的概念 dt_r，多加一颗卫星，四个方程式四个未知数刚好，定位的同时顺便把接收机的钟差求出来了，可以用来校准接收机的钟。

北斗三号也是采用无源定位信号体制。

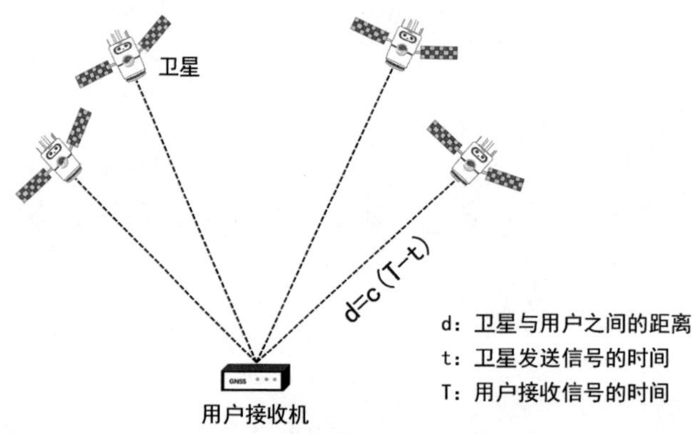

图 2-4 北斗定位原理示意图

$$
\begin{cases}
R_1 = c(t_r + dt_r - t_s^1) = \sqrt{(X^1-X)^2+(Y^1-Y)^2+(Z^1-Z)^2} + cdt_r \\
R_2 = c(t_r + dt_r - t_s^2) = \sqrt{(X^2-X)^2+(Y^2-Y)^2+(Z^2-Z)^2} + cdt_r \\
R_3 = c(t_r + dt_r - t_s^3) = \sqrt{(X^3-X)^2+(Y^3-Y)^2+(Z^3-Z)^2} + cdt_r \\
R_4 = c(t_r + dt_r - t_s^4) = \sqrt{(X^4-X)^2+(Y^4-Y)^2+(Z^4-Z)^2} + cdt_r
\end{cases}
$$

（3）北斗授时体制

许多现代的授时方式给人们的生活带来了深刻的影响和变化。随着人类将目光转向未知的太空，我们也迎来了目前普遍使用的授时方式——卫星授时。

顾名思义，卫星授时就是一种利用人造卫星发播标准时间信息的授时方式。卫星授时也是目前最新、精度最高的授时方式之一，它的出现给各个需要精密时间的领域带来质的飞跃。

目前全球存在四种卫星授时的系统：美国的 GPS 系统、俄罗斯的格洛纳斯系统、中国的北斗系统和欧盟的伽利略系统。在全球范围内，北斗系统的授时精度优于 20 纳秒。

表 2-2　现代主要授时手段的比较

现代授时方式	同步精度	覆盖范围	授时终端
长波授时	1 微秒	天地波结合约 3000 千米	长波接收机
短波授时	1 毫秒	超过 3000 千米	短波接收机（收音机）
低频时码授时	10 微秒	与长波类似	电波钟表
网络授时	10 微秒	网络覆盖的地方	计算机、智能手机
卫星授时（北斗）	20 纳秒	全球	卫星导航接收机（北斗接收机）

北斗卫星怎么授时？

北斗系统的时间基准为北斗时（BDT）。BDT 采用国际单位制（SI）秒为基本单位连续累计，不闰秒，起始历元为 2006 年 1 月 1 日协调世界时（UTC）00 时 00 分 00 秒。BDT 通过国家授时中心播发的标准时间信号，与国际通用的标准时间——

协调世界时建立联系，BDT 与国际 UTC 的偏差保持在 50 纳秒以内。①

北斗授时的精度可以达到 20 纳秒的量级，要实现如此高精度的时间测量，只有原子钟能做到。原子钟是目前世界上最精密的计时装置，精密到几百万年才差 1 秒。而我们平时用的钟表，精度高的每天也会有0.1秒左右的误差②。在卫星导航系统中，如果时间测量有 1 秒误差，就意味着定位会偏离 30 万公里。

北斗导航卫星上配有星载原子钟，以确保北斗授时系统有精确的时间源。导航卫星将携带了精确标准时间信息及卫星位置信息的信号播发出去，接收机通过解算自己和卫星的钟差，就可以修正本地时间，完成授时。而对于动态移动中的用户，在完成授时的同时需要获得其位置信息。

北斗授时系统的单向授时原理，即用户接收到北斗的广播信号后，自主修正本地时间与标准时间的时间差，实现时间同步。GPS 等导航卫星也是采用这种授时方式。

如果接收机的位置固定且已知，则只需要一颗卫星就能完成精准授时。而接收机位置未知时，则需要较多卫星进行授时，卫星数量越多，时间测量就越精密，位置计算也能越精确。

北斗授时系统还特有双向授时模式。双向授时模式下，用户

① 中国卫星导航系统管理办公室：《北斗卫星导航系统空间信号接口控制文件——公开服务信号 B1I（3.0 版）》，2019 年 2 月。

② 卢鋆、武建峰、袁海波、申建华、孟轶男、宿晨庚、陈颖：《北斗三号系统时频体系设计与实现》，《武汉大学学报（信息科学版）》2022 年 3 月 22 日网络首发。

需要与地面中心站交互信息，所有的信息处理都在中心站完成。用户向中心站发起授时申请，中心站再将时标信号通过卫星转发给用户。用户将接收到的时标信号原路返回，由地面中心站计算出信号单向传播时延，再把时延信息发送给用户。双向授时可以更精确地反映时延信息，授时精度更高。

单向时延 $\Delta\tau=\frac{1}{2}(t_1+t_2+t_3+t_4)$

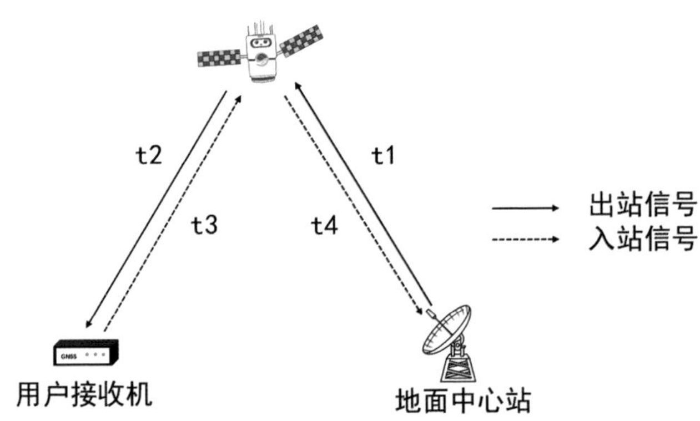

图 2-5　北斗双向授时系统示意图

第二节

精度比肩全球

随着2020年北斗系统正式开启全球服务新时代，全球服务日臻完善。如今，北斗可向全球用户提供优于10米（全球平均）的定位服务，在亚太地区，由于可观测更多的北斗卫星，还可提供优于5米乃至更高精度的服务，真是厉害了我的北斗！

（1）北斗精度

定位导航授时服务是卫星导航系统提供的基本服务，四大全球系统及日印等区域系统均可提供。图2-6是北斗三号卫星空间

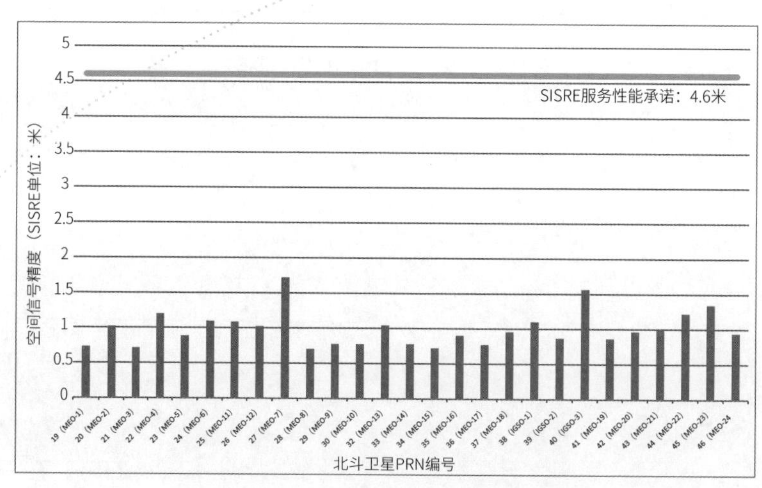

图2-6　北斗三号卫星空间信号精度评估结果（2023年4月）

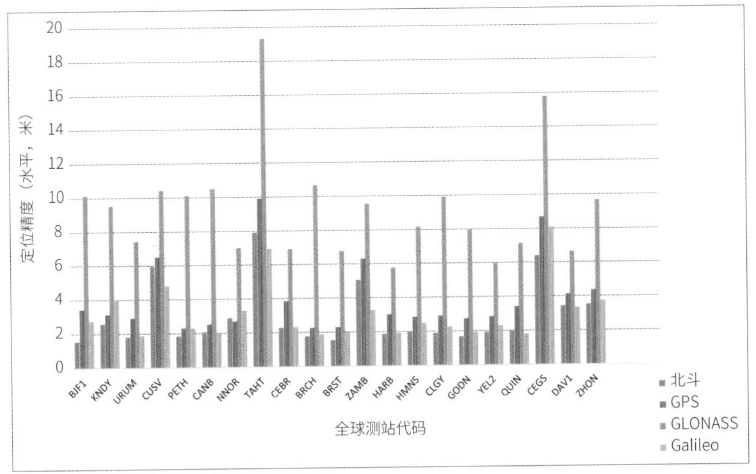

图2-7　国际GNSS监测评估系统实测四大系统水平定位精度结果（2023年4月）

表 2-3　全球监测站址代码与所处位置对应关系

序号	站名	站址
1	BJF1	北京
2	ZHON	南极中山
3	BRCH	德国布伦瑞克
4	CLGY	加拿大卡尔加里
5	TAHT	法属塔西提岛
6	HMNS	南非赫曼努斯
7	KNDY	斯里兰卡康提
8	CANB	澳大利亚堪培拉
9	PETH	澳大利亚佩斯
10	CEGS	智利圣地亚哥
11	ZAMB	赞比亚卢萨卡
12	QUIN	美国昆西
13	CUSV	泰国曼谷
14	URUM	乌鲁木齐
15	NNOR	澳大利亚新诺西亚
16	CEBR	西班牙塞夫雷罗斯

信号精度（又称为空间信号测距误差，英文缩写为：SISRE）评估结果。图 2–7 是我国发起建设的国际 GNSS 监测评估系统在 2023 年 4 月实测四大系统水平定位精度的统计结果。① 全球监测站址代码与所处位置对应关系如表 2–3 所示。

全球监测站数据分析表明：北斗系统空间信号精度为 1 米左右，全球实测北斗定位精度为水平方向 2.7 米，垂直方向 5.1 米，与美国 GPS、欧盟伽利略系统性能相当，优于俄罗斯格洛纳斯系统。北斗系统实测性能优于北斗公开服务性能承诺，即空间信号精度优于 4.6 米，水平方向定位精度优于 9 米，垂直方向定位精度优于 10 米，② 北斗精度一流，比肩全球。

（2）自主定轨

夜晚，小北在山上仰望星空，陷入沉思，迷路时北斗为我们指引方向，获取位置，然而用户定位是以卫星为参考点的，卫星位置和钟差的精确确定是用户位置精确确定的前提条件。那么谁给卫星指引方向？难道卫星们不迷路吗？

小北带着他的疑问打开手机，查询相关文献，了解到卫星运行不偏航的原理，除了地面站控制卫星轨道外，卫星与卫星之间还会通过星载接收机交互数据，实现相互间的定位，完成自主定轨。

---

① 数据及统计结果来源：中国卫星导航系统管理办公室测试评估研究中心，见 www.csno-tarc.cn。

② 中国卫星导航系统管理办公室：《北斗卫星导航系统公开服务性能规范（3.0）》，2021 年 5 月，见 www.beidou.org.cn。

◎ 传统卫星定轨，地面站帮忙

通常情况下，卫星位置和钟差（指卫星时间和系统时间的钟差）的确定是依靠分布在世界各地的地面监测站的接收机接收卫星信号，数据汇总到数据中心（主控站），经过主控站的统一解算，计算出卫星的轨道位置和钟差，经过注入站上注给卫星，然后经过卫星播发广播星历，把卫星轨道位置和钟差信息传递给用户的。用户通过接收卫星信号，解算出卫星位置和钟差，以及测量获得伪距、载波相位、多普勒信息，就可以用最小二乘或者卡尔曼滤波解算用户位置信息。

常规地面运控模式下，导航星历更新需要经过监测站数据采集、主控站数据处理以及导航星历上注三个阶段，需要经过星地之间数据采集、地面站和主控站数据传输等过程，地面注入站与卫星之间的可见性也会影响导航星历更新的频度。

可以看到，目前 GNSS 系统导航星历的解算（包括轨道和钟差）依赖地面站，如果地面站故障，就会影响卫星轨道和钟差精度。极端条件下，地面站完全故障，不再给卫星上注星历信息（含卫星轨道和钟差信息），那么卫星只能播发最近一次上注的星历信息。这种情况下，短时间预测精度还能保证，长期预测精度将会下降。随着卫星轨道位置和钟差精度下降，用户位置解算精度也会下降。

◎ 北斗特色定轨，星间链路助力

导航系统的核心是卫星，而卫星系统的关键是载荷—星载接收机。按照传统全球卫星导航系统的建设和运行模式，需要建立分布在全球范围的地面站，并且依赖地面站给卫星定轨。为解决北斗系统国内建站条件下实现全球运行和服务的难题，北斗卫星导航系统采用星载接收机通过卫星与卫星之间的精准测量，实现境外地面站数量受限条件下的稳定服务。卫星与卫星之间的链接叫作星间链路。

20 世纪 80 年代，Amanda 等科学家针对 GPS 提出了自主导航框架，并采用仿真数据对其可行性进行了验证。随后，ITT 空间与美国通信部改进了 Amanda 的方案，设计了自主导航原型系统，并由美国宇航公司进行了地面验证试验，于 1990 年进行了飞行搭载试验。GPS 在随后的 Block-IIR、Block-IIF 系列卫星上均搭载了 UHF 星间链路载荷。2018 年 12 月 19 日，美国发射了第一颗 GPS Block-III 卫星。新一代 GPS 卫星原计划采用性能更优的 Ka 或 V 波段链路，但由于多种原因，首批 Block-III 卫星仍沿用 UHF 链路。

我国对于星间链路和自主定轨研究起步相对较晚，早期研究主要集中在算法理论和仿真实验分析。2015 年，拥有我国自主

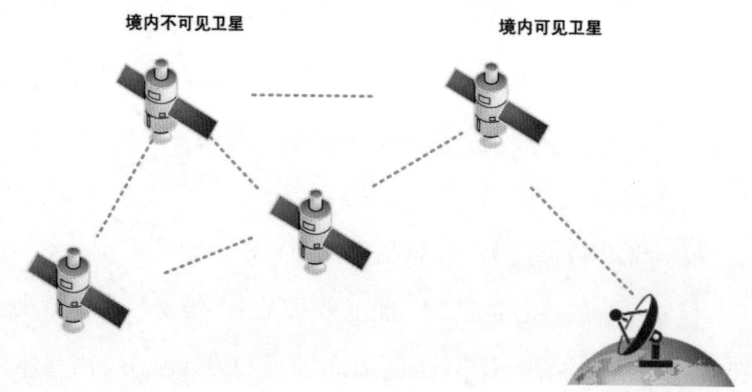

图 2-8　北斗星间链路

产权的星间链路载荷在北斗试验卫星上首次亮相，对建链方式、测距精度和数据传输时延及效率等多项内容进行了试验验证。

北斗星间链路通过高—中轨、中—中轨卫星链路，实现了“一星通，星星通”。

即使脱离地面站控制也不用担心，30 颗北斗三号卫星也能在一段时间内通过星间链路获取星间距离观测量和星间相对钟差观测量，为导航卫星的自主定轨和自主守时提供基本观测量，提供精准定位和授时，地面用户通过手机等终端仍旧能进行定位及导航，这叫作星座自主运行。星座自主运行是指北斗卫星在长时间得不到地面系统支持的情况下，通过星间双向测距、数据交换以及星载处理器滤波处理，不断修正地面站注入的卫星长期预报星历及时钟参数，并自主生成导航电文和维持星座基本构形，以满足用户高精度导航定位应用需求的实现过程。

◎ 星上定轨，分布式处理勇担当

利用星间链路的自主定轨需要处理所有卫星的观测量，可选择集中式处理和分布式处理两种方式。

集中式自主定轨是指所有卫星将测距值和状态信息发送给少数卫星（称为中心星），由中心计算机对所有数据进行统一的整网平差解算。对于星上集中式定轨，受限于中心卫星的能力和安全性，限制了自主导航的灵活性，且平差计算量庞大，需要传输大量的数据，集中式自主定轨对星间链路的通信能力和中心星的星上计算能力提出了极高的要求，在工程上实现具有一定难度。

因此，目前工程实践上采用的是分布式处理方法，该工作模式更适合北斗星间链路。分布式自主定轨是指每颗卫星各自利用

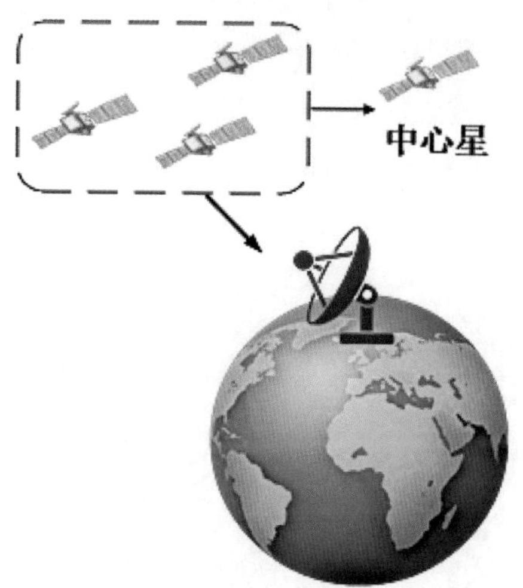

图 2-9　集中式自主定轨示意图

与自身有关的测距值等信息解算自身轨道，这是一种并行的处理方法，能够将全星座的定轨计算分解到各个卫星的处理器中，较大范围地减少了计算量。相对于集中式自主定轨模式，它明显提高了计算效率，更加有利于实时定轨，也减少了星上载荷的成本；且由于每颗卫星单独解算自身轨道，系统更加灵活可靠，即使部分卫星失效也能维持星座的正常运行，同时也使得系统更加容易扩展；由于没有利用整网约束信息，分布式自主定轨仅为次优估计，但仍能够满足一定时间内自主定轨的需求。

受各方因素限制，北斗系统不可能像 GPS 一样实现全球布站以支持系统日常运行和控制。有了星间链路的帮忙，卫星自主定轨通过星间测距、星间通信和星上数据处理，就可以实现导航星历的自主更新。

自主导航直接利用星间测量和星载处理更新导航星历，减少

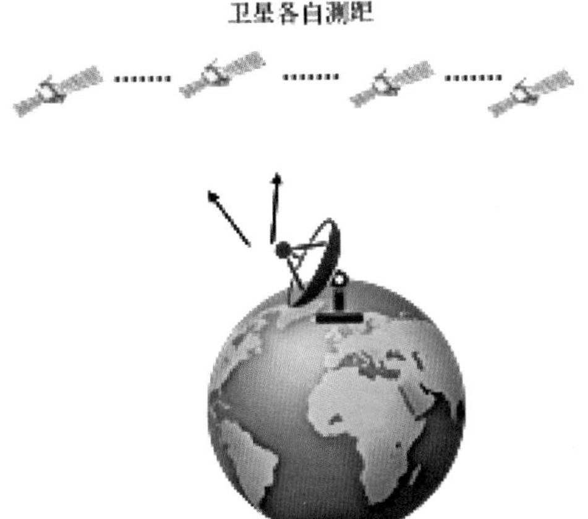

图 2-10　分布式自主定轨示意图

了星地之间的数据传输环节，相比而言，导航星历数据龄期可以更短。此外，通过境内注入、星间转发的方式，可以解决境外卫星星历更新的难题。

自主导航产生的导航星历作为一种相对独立的数据源，可用于在轨评估地面运控系统上注星历，为地面预报星历精度在轨实时评估提供了一种新的手段，增强了系统运行稳定性。另外，星间测量的高可见性及测量频度，可有效提高卫星可监测弧段，增强系统完好性监测能力。

区域短报文通信服务

短报文服务要从最初双星定位也就是北斗一号说起，该定位系统由两颗地球静止卫星、一颗在轨备份卫星、中心控制系统、标校系统和各类用户机等部分组成，能实现一定区域的导航定位、通信等多种用途，但存在定位慢、精度低、卫星用户资源有限等问题，采用主动式定位，也就是你需要定位的时候，需要呼叫“小北”（给卫星发信号），“小北，小北，我是 ××，请给我定位”。定位与通信兼备成为其一大特点，这就是北斗短报文的由来。

倘若小北和他的同学都具备短报文通信终端，其通信流程为小北将发送的信息经北斗卫星传输到主控站，主控站根据接收目标位置，通过北斗卫星发送给小北的同学，反之亦然。不仅如此，短报文通信服务支持一对多的通信服务，即指挥中心发送信息可同时播发给小北和他的同学们。

SOS

第一节
导航卫星发短信

区域短报文，顾名思义，有一定的地理范围，目前为亚太大部分地区，也就是我国及周边地区（东经 75 度到 135 度、北纬 10 度到 55 度的区域）提供短报文通信服务，即通过导航卫星来发短信。北斗通过 3 颗 GEO 卫星，以星上透明转发方式，提供区域短报文通信服务，GEO 卫星的轨道特点决定了其播发的信号只能覆盖一部分区域。

北斗三号在兼容北斗一号的基础上，利用 3 颗 GEO 卫星，创新采用无源导航定位与短报文通信体制，精化了服务类型设计，优化了运行模式设计，极大提升了系统性能和用户体验，向规模化、国际化和高质量方向发展。

北斗短报文具有覆盖地区广、成功率高等优点，特别适合地面移动通信难以覆盖的地方使用。基于位置报告、应急搜救及短报文通信三种基本服务，主要围绕短信物联、大众消费和生命安全业务方向应用发展。

（1）深化发展短信物联

深化短报文在数据采集、资产跟踪等方面的物联网规模化应用，进一步拓展短报文服务在远洋渔业、远洋航海、气象预警、石油勘探、野外勘探、水文监测、户外装备、生态保护、运动赛事、林业监护等行业的深度应用。

（2）大力发展大众消费

推动短报文与5G等地面移动通信融合，并实现互联互通，在地面移动通信网覆盖不到的地方，发挥短报文覆盖区域广的优势，提供关键的短报文通信服务。推动短报文设备芯片化、小型化，实现终端融合集成化，形成“触手可及、随需可用、低门槛、低成本”的大众化应用。

（3）全力保障生命安全

深化北斗短报文在抗震救灾、应急搜救等方面的应用。北斗加入国际全球海上遇险与安全系统（GMDSS），保持并稳定提升系统服务可用性，按照国际海事组织要求，开展适应性调整完善，为国际海上生命安全贡献中国力量。

第二节

通信盲区的福音

当网络不畅或发生故障时，第一手数据无法及时传输有可能会导致不可预估的损失，好在我们有北斗短报文，能让放牧人自由、让无人区救援顺畅，堪称通信盲区的福音。

（1）北斗驼铃，放牧自在

“牛羊跟着水草走，牧人跟着牛羊走”是传统牧区生活的写照。但据小北观察，在牧场的户外放牧时间，一位牧民却安稳地坐在家里看电视，丝毫不担心在外觅食的 20 多只羊走失。①

原来，这位牧民的羊群都已经戴上了“北斗驼铃”，只要一部手机或一台电脑就能查看羊的位置。哪只羊在吃草、吃的什么草、在什么地方吃草……全都一目了然。

北斗放牧系统由北斗模块、方向传感器、语音播放器和无人机等模块组成，在训练有素的领头羊身上装设北斗牧导装置（在其他羊身上只装设仅有定位功能的北斗定位装置），手机终端应

① 中国日报网：《“智慧牧场”让新疆农牧民省心省力》，2021 年 4 月 22 日，见 https://baijiahao.baidu.com/s?id=1697732831850156913&wfr=spider&for=pc。

用软件分析得到适合的放牧草原，并将该放牧区域坐标和最佳放牧路线通过北斗终端发送至牧导装置，牧导装置向领头羊发送语音指令，智能指挥领头羊，从而指挥羊群向指定的放牧区域移动，实现对羊群的智能导航。

目前在我国新疆、内蒙古等省份，不少牧民已经开始使用北斗系统进行智慧放牧，并从中享受到了北斗带来的便捷和增收。相信随着北斗应用在畜牧业的推广，智慧放牧模式将对广大牧民群众转变生产经营方式、减轻人力投入、提高收入水平产生积极影响。

北斗放牧系统有效实现了牧群实时位置显示、历史轨迹查询和电子围栏报警等功能。在“绿水青山就是金山银山”的现代化社会，畜牧管理部门对牧场监测有更高的要求，牧场的放牧强度和牧群的采食情况升级为监测重点。

基于此，相关学者结合北斗放牧系统及草地科学理论，进一步构建了牧群采食量分布模型和牧场放牧强度监测方法。在已建立的物联网位置服务平台基础上，集成 WebGIS 空间分析技术与可视化技术，建立了物联网牧群轨迹数据采集与 WebGIS 时空数据分析的放牧监测系统。系统实现了牧群位置地图显示、牧场放牧强度监测、牧群采食量分布监测 3 个功能。

牧场牧群位置地图可实现牧群位置的实时显示、历史回放、电子围栏报警；牧场放牧强度监测，通过网格分析方法和牧群轨迹点数据处理，创建生成分布图；牧群采食量分布监测，是基于放牧轨迹所记录的时间和空间属性数据，根据放牧过程的空间分布特征，采用缓冲区与网格分析方法生成放牧分布，同时利用模拟采食量计算方法计算各个局部放牧区域的采食量信息，进而得到牧群的采食量分布。

这样一来，牧群信息通过网络信号传输到牧民手机，牛羊的实时距离、位置在手机上就能一览无遗。一位牧民说："过去找羊群时要日行数十里地甚至更远，现在依靠北斗定位，轻松就能找到羊群的位置，牧民们不用在草场中受苦了。"

借助手机应用软件、电脑软件或短信通知，不仅能实时定位羊群位置，查询羊群过去几天甚至更早以前的行动轨迹，还能接到羊越过"电子篱笆"的提醒和系统推荐的最佳追回路线。

羊需要饮水，就一定会靠近水井，我们通过物联网技术，让智能牧井对羊群"点名"。每当领头羊进入牧井周边一定范围内便会自动触发点名系统，并及时将点名情况通过卫星信号发送到牧民手中。

基于北斗导航技术的牧井系统，可以在没有网络信号覆盖的无人区实现牧井远程供水，用户通过北斗盒子，向北斗卫星发送"水泵启动"和"水泵停止工作"的请求，北斗卫星将请求转发给牧井控制端，进而实现远程控制，更便捷地给牛羊远程供水。

而在无信号地带，牧民们还可以通过北斗系统独有的短报文通信功能，利用卫星通道发送文字消息。

后续，将北斗和基于放牧时空轨迹、遥感影像、牧场生境因子与非生境因子等多源数据融合，结合物联网、云计算与深度学习技术实现牧场的智能监测、超载预警与放牧规划，将最大限度地保护牧场生态平衡。

（2）危难关头，北斗出手

以无人区救援为例，无人区常处于复杂山区、沙漠、戈壁、矿区等，这些区域地形复杂、通信联络差，无线公网信号覆盖率低，即使覆盖了也容易出现覆盖不全、信号弱、信号被阻挡等现象，公网通信效果不佳，甚至于无法满足通信需求。对于爬山驴友来说，没有手机信号，会联系不上队友和外界；对于施工人员来说，会出现上传下达低效的现象。

我国平均每年所发生的登山意外事件并不在少数，大部分驴友都没有系统的安全知识教育，也不是人人都有丰富的徒步经验。最重点的是无人区没有手机信号，即使有专业的登山设备，也清楚知道自己所在的经纬度，但是关键时刻你需要帮助时，在没有信号的地方，你却无法把位置告诉救援者。

北斗“盒子”是基于北斗系统研发的，在中国任何地区范围内都可以进行信息收发的北斗短报文终端，它可以实现卫星短信报平安、一键紧急求救 SOS 功能。而且用户和用户的通信不依赖移动、联通、电信等地面基站，即使用户在渺无人烟的无人区，也可以和千里之外的家人进行短报文通信。

北斗“盒子”的诞生完美地解决了驴友们的通信担忧，并且还可以在登顶之际，和千里之外的家人分享自己的喜悦，北斗“盒子”实在是一个实用便利的通信神器。

我们日常用到的儿童手表目前大多采用的是多模定位，即支持多种卫星导航系统，定位性能自然是无可挑剔的，但是，手表只能通过定位数据计算到自己在哪个位置，想告诉别人自己的位置，必须联网（接入互联网），由于技术和历史原因，移动产品解决联网只能通过移动通信基站网络或 Wi-Fi 接入互联网，然后通过基站网络将位置数据告诉给其他人。

但如果儿童手表进入基站网络盲区，它就会失联。此时，通过北斗短报文功能，就能打破依赖基站网络的局面，为通信盲区带去应急救援福音！

天玑

覆盖全球的短报文通信服务

除了有服务亚太地区的区域短报文外，我国北斗系统还具有应用范围更加广泛的全球短报文服务，利用中轨道（MEO）卫星，向位于地表及其以上1000千米空间的特许用户提供全球短报文通信服务。

这样，小北不管在全世界哪个地方，特别是在海洋、沙漠和野外这些没有通信和网络覆盖的区域，都可以通过北斗系统的短报文功能发送短信。北斗不仅能知道“我在哪”，还能知道“你在哪”。此外，北斗全球短报文功能还能用于空间科学探测，预测天体爆发活动关键信息，来更好地保障地球生命安全。

第一节

全球随遇接入

北斗三号 MEO 卫星搭载全球短报文通信载荷，采用通信和导航相结合体制，将报文通信区域从亚太地区扩展到全球。授权用户在全球的任意地点都可发送短报文，并能精准报告其位置。北斗短报文通信服务向全球扩展，必将为全球用户带来更多福祉。

北斗卫星通过星间链路互联和星上自主处理，形成星间信息传输网，进行全球短报文数据的传递，北斗三号已经实现全球覆盖，用户只需将消息通过短报文终端成功发送给卫星，消息在星

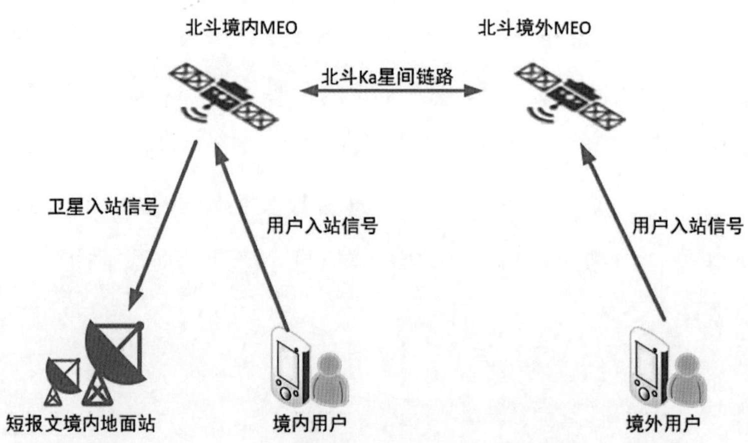

图 2-11　系统架构

间链路传递，当某一颗卫星与地面运控系统站点可见时，卫星便把消息带给地面站，系统无须在全球建立地面站，即可实现全球用户全时段使用。

全球短报文支持全球遇险用户的搜索救援等相关信息传输，满足国际海事组织对搜救救援的基本要求：

位置确定，用户下行信号采用中轨道及倾斜地球同步轨道卫星播发的 B2b 信号，具备基本导航定位功能。

可用性高，全球短报文具备对全球的双重覆盖能力，若一颗卫星故障，不影响用户使用。

信息支持，全球短报文双向传输能力，支持遇险呼救、呼救确认等必要信息的传输。

容量可控，根据国际搜救真实事件数量及误警率估算，月报警数量不超过 5 万次，总体容量有限且可控。

随着短报文通信服务的升级拓展，区域通信能力达到每次 1000 个汉字（14000 比特），既能传输文字，还可传输语音和图片，并支持每次 40 个汉字（560 比特）的全球通信能力。

第二节

宇宙快件即时送达

北斗的功能不仅可以“接地气”，也可以“高大上”。它能大大加速太空中天文观测数据的传递，有助于天文学家开展进一步研究。不久前，中国的天文学家们就收到了北斗卫星系统发来的“宇宙信息急件”。

北京时间2021年1月20日15时11分52秒，北斗系统“准实时”将“怀柔一号”极目望远镜（简称GECAM）卫星探测到的伽马射线暴观测警报下传至其科学运行中心，揭开了北斗系统全球短报文服务应用于空间科学与宇宙探测的序幕[①]。

通常情况下，卫星上探测得到的天文现象和天文数据，只有通过地面的接收天线下传到地面后，地面人员才能进一步分析处理，需耗时几个小时甚至更久，而神秘的天文信号往往转瞬即逝，这样滞后的操作，有可能会丧失科学发现的机会。

“怀柔一号”极目望远镜卫星发射仅仅2个月的时间（还处于在轨测试阶段期间），已经通过北斗系统全球短报文通信

① 中国日报网：《北斗三号全球卫星导航系统短报文助力宇宙探测》，2021年1月22日，见https://baijiahao.baidu.com/s?id=1689578853616480972&wfr=spider&for=pc。

功能向地面发送了 12 个伽马射线暴、9 个磁星爆发，以及多个其他类型的天体活动信息，平均延时只有 20 秒左右，并发布了 10 个国际伽马射线暴协调网络（Gamma-ray Burst Coordinates Network，简称 GCN）通告和 1 个天文快报（The Astronomer's Telegram，简称 Atel）通告。GCN 和 Atel 都是天文学家常用的信息发布网络，用于向全球共享天体活动信息，引导随后观测。这是人类第一次使用导航卫星传递宇宙中的神秘信号，开启了北斗系统服务于空间科学研究的新时代。

GECAM 的成功，表明北斗系统全球短报文服务在空间科学中具有广阔的应用前景。据悉，我国正在研制的爱因斯坦探针（EP）卫星、增强型 X 射线时变与偏振（exTP）空间天文台等也计划利用北斗三号系统的全球短报文功能，以便快速向国内外天文学家发布有关宇宙天体爆发活动的关键信息，引导其他设备开展随后观测。未来，随着北斗短报文通信服务能力的进一步提升，北斗系统将会在探索宇宙中发挥更加重要的作用。

肆

瑶光 开阳 玉衡 天权 天枢 天玑 天璇

高完好的星基增强服务

每当小北乘坐飞机远行，都要查看前方座椅显示屏的飞行轨迹，好实时了解飞行情况。小北不禁会想，飞机飞行在空中，位置获取从何而来？精度如何？能否保障人们的生命安全呢？

事实上，全球卫星导航系统（简称GNSS）已经成为现代民用航空系统中不可或缺的一部分，目前世界各国民航飞机已广泛配装了GNSS设备。在GNSS的基础上，国际上又发展出了兼顾星基差分增强与完好性的星基增强服务（SBAS）系统，这同步促使了民航应用的导航系统从陆基向星基的叠加和转化，极大提升了飞机定位的安全性和可靠性。北斗系统内嵌设计与实现的星基增强服务解决了小北的后顾之忧。

第一节

内嵌星基增强的集约设计

星基增强服务，顾名思义，是由卫星直接为用户提供导航增强信息，它的优势之处在于“无需基站”和“大范围覆盖”。这里的“无需基站”，并不是说真正的不需要基站，只不过对于用户来说不需要自己架设基站或者建设基站网，系统本身在服务范围内建立了长期的监测站，用来接收卫星监测数据并进行增强信息处理，由于增强信息是先上传到卫星，再由卫星转发出来的，所以用户终端设备在没有被遮挡的条件下，能够接收到卫星转发的增强信息，实时计算我们当前的位置坐标。

得益于卫星技术和信息技术的高速发展，目前 GNSS 已经在民用航空领域得到了广泛应用，并展现出传统陆基导航系统无可比拟的优越性和安全性。一方面，GNSS 可以在世界范围内同时为用户提供连续精确的三维位置、速度和时间信息，空中交通管制中心及相关部门可以借此对民航飞机进行全程自动监视，并提供防撞预警，进而有效提升飞行安全性；另一方面，GNSS 全球覆盖，可以使飞机在遵循相关规则的条件下从一个地方直飞目的地，而不必像传统陆基导航那样，只能进行台（地面导航台）对台飞行，由此可以大幅缩短航行时间，降低燃油消耗。因此，GNSS 应用于民用航空领域，除了可使其更加安全、便捷、高效外，还将会带来非常可观的经济效益。

将 GNSS 应用于民航等生命安全领域，对系统的高精度、连续性、完好性和可靠性均有严格要求，其安全性等级和技术壁垒均非常高，单纯依赖 GNSS 系统无法满足需求，于是 SBAS 应运而生。SBAS 是利用广域布设监测站，对导航系统进行实时监测，得到卫星轨道、卫星钟差、电离层改正数以及完好性参数，再通过地球静止轨道卫星（GEO）向覆盖区域的用户广播，以此来提高区域内用户的定位精度和可靠性，大幅提升定位的连续性和完好性。

国际上已经建成并开始服务的星基增强系统有美国的广域增强系统（WAAS）、欧洲地球同步卫星导航增强服务系统（EGNOS）、日本的基于多功能运输卫星的增强系统（MSAS）、印度的 GPS 辅助型静地轨道增强导航系统（GAGAN），正在建设中的有俄罗斯的差分改正监测系统（SDCM）。

目前，我国民航运行中的导航手段也正在经历从陆基转向星基的过程，GNSS 应用于民航带来的效益非常明显。在东部地区，可有效提高繁忙航路和终端区的空域容量，缓解航班延误；在西部地区，则可有效降低高原航路和高原机场的最低运行标准，确保飞行安全。但长期以来我国民航领域卫星导航服务均采用美国 GPS，对其依赖非常严重。在北斗建成前，GPS 是我国民航、大洋和边远地区的主用导航系统以及航路、终端区、非精密进近和着陆运行的辅助导航系统，同时也是国内基于性能的导航（PBN）飞行程序的导航源和广播式自动相关监视（ADS-B）的位置信息源；我国民航空中交通管理运营体系的时空基准也是基于 GPS

搭建。从国家战略层面考虑，这样的现状无法保证我国民用航空领域自主可控，存在安全性和可靠性问题。

北斗系统的建成，特别是其一体提供的北斗星基增强服务（BDSBAS）的建成运行有效解决了上述难题。BDSBAS 作为北斗系统的重要组成部分和服务功能之一，与北斗系统一体化设计、相对独立运行，可满足民航验证评估、国际标准推进等需求。BDSBAS 按照国际民航组织（ICAO）标准规范开展设计与建设，能够全面增强用户定位精度、完好性、连续性和可用性，为中国及周边地区民航、海事、铁路等生命安全应用领域用户提供米级高完好性增强服务。

以民航为例，介绍 BDSBAS 应用过程。BDSBAS 主要由空间段、地面段和用户段三大部分构成。

空间段包括北斗系统的 3 颗 GEO 卫星，用于向用户广播 BDSBAS 增强电文；地面段主要包括监测站网、数据处理中心和注入站等，在服务区及周边布设监测站网，采集卫星监测数据并传送至数据处理中心，经数据处理中心对数据进行计算，产生差分修正和完好性参数等增强信息，按标准将增强信息编排成电文后，经注入站上注至 GEO 卫星；用户段包括使用 BDSBAS 终端设备的航空飞机等用户，通过接收 GEO 卫星广播的 BDSBAS 增强电文，最终实现高完好性增强服务，保障机组乘客安全。

在服务区域方面，BDSBAS 根据地面监测站布设范围、ICAO 信号双重覆盖及最低落地电平等要求，服务覆盖中国及其周边地区。

在服务模式方面，BDSBAS将支持单频（SF）及双频多星座（DFMC）两种增强模式。其中，SF SBAS服务模式基于BDSBAS B1C频点提供，采用ICAO所明确的SBAS L1标准信号体制，以期实现一类垂直引导进近（APV–I）服务；DFMC SBAS服务基于BDSBAS B2a频点提供，将采用目前正在联合设计的DFMC SBAS L5标准信号体制，以期实现一类精密进近（CAT–I）服务。[①]DFMC SBAS服务是利用双频测距值进行增强信息计算，可以削弱电离层延迟误差对服务性能的影响，相比SF SBAS服务可有效提高系统的可用性和定位精度。

① 中国卫星导航系统管理办公室：《北斗卫星导航系统公开服务性能规范（3.0）》，2021年5月，见www.beidou.org.cn。

第二节

完好性的六个九

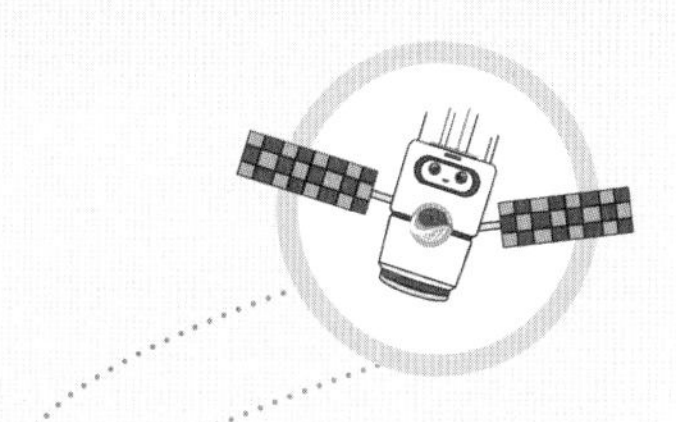

服务于民航的 SBAS，其性能主要包括四个方面：精度、完好性、连续性和可用性。精度是指系统为飞机所提供的位置和飞机当时真实位置的重合度，反映的是导航观测量及其解算位置结果背离真实的估量，通常用 95%的误差限值来表示；完好性是指当导航系统发生任何故障或误差超过允许限值时，系统及时发出报警的能力，反映的是根据观测量解算出来的位置结果的可靠性，它以保护限值（以一定的置信概率限定的误差范围）表示；连续性是指系统在给定的使用条件下在规定的时间内以规定的性能完成其功能的概率，反映的是指在整个预定飞行阶段满足精度和完好性的可能性，连续性风险是飞行进近开始后被探测到异常中断导航的可能性；可用性是指系统能为飞机提供可用的导航服务时间的百分比，系统只有满足精度、完好性和连续性三种性能后才能称为可用。

将卫星导航应用于民用航空导航，其完好性保证能力是用户最为关注的性能需求，因为飞行安全对于用户来说是最关键的。SBAS 在提供轨道、钟差、电离层差分改正数的同时都伴有相应的完好性信息，这些完好性信息表示的是经差分改正数修正后各误差项的残余误差，由各个误差项的残余误差可以计算出伪距域上的误差范围，最后再将伪距域的误差范围转换为定位域垂直方向和水平方向的保护限值。保护限值使用 99.9999% 的置信概率来限定误差范围，即为“完好性的六个九”，它是位置误差的极限值，因而它对位置误差具有“包络”作用，若位置误差超越保护限值，则认为是一个危险误导信息，即认为发生了完好性事件。因此，对于 SBAS 来说，出现完好性风险的概率为 10^{-7}/ 进近，这为用户提供了可靠的完好性监测和告警。

守护生命的国际搜救服务

小北和小伙伴约好一起去旅行，他们这次选择旅行的地方有着许多美不胜收的美景，但是地广人稀，部分地区甚至是无人区。倘若发生意外，在地形复杂、通信联络差的情况下，人身安全极易受到威胁。

类似这样的情况相信不会是少数，现在小北和小伙伴手中都配备了具有北斗国际搜救功能的终端，一切问题都能迎刃而解，再也不用担心在无人区发生高原反应、突发疾病、突遇意外等情况时与外界失联，北斗卫星会转发小北的搜救信号，地面组织附近力量尽快救援，小北和小伙伴的生命安全就能得以保障。

第一节

符合国际标准的搜救服务

北斗国际搜救服务，按照国际海事组织搜救卫星系统标准建设，利用6颗搭载搜救载荷的MEO卫星实现全球一重覆盖，也就是说，全球任何一个地点的用户，都可以向至少一颗卫星的信标发出求助信号。目前，美、欧、俄都已经或即将提供中轨搜救服务，加入北斗后，四大系统可联合为用户提供更加可靠的搜救服务，这对于生命安全领域极为重要。

一般来说，卫星搜救系统的定位精度为公里级，如若再将搜救和定位功能结合，可将定位精度提升到米级，极大提高搜救精度和效率。

COSPAS–SARSAT系统被称为“国际搜救卫星系统”，到目前已经有40余年的发展历程。国际搜救卫星系统应用在航空航天、海事应用、个人活动等场景。

COSPAS–SARSAT系统最初是根据苏联、美国、加拿大和法国等相关机构于1979年签署的谅解备忘录开发的，以提供准确、及时和可靠的遇险警报和位置数据，帮助搜救遇险人员。目标是尽可能减少遇险警报的延误，这对在海上或陆地上遇险的人的生存概率有直接影响。为实现这一目标，COSPAS–SARSAT参与者实施、维护、协调和操作一个卫星系统，该系统能够检测来自符合 COSPAS-SARSAT 规范和性能标准的无线电信标的遇险警报传输，并确定其在全球任何地方的位置。遇险警报和位置数据由 COSPAS-SARSAT 参与者提供给负责搜寻与救援的服务部门。COSPAS-SARSAT 系统在 1982 年 9 月示范和评估阶段成功完成后，于 1985 年宣布投入使用，而我国也于同年正式加入国际搜救卫星组织。

1988 年 7 月 1 日，提供空间段的四个国家签署了国际 COSPAS-SARSAT 计划协定，以确保该系统的连续性，并在非歧视基础上向所有国家提供服务，于 1988 年 8 月 30 日生效。

通过参与该计划，各国可以提供地面接收站以增强 COSPAS-SARSAT 遇险警报能力，或参加致力于全球范围内协调系统运行和计划管理的国际 COSPAS-SARSAT 会议。

COSPAS-SARSAT 全球卫星搜救系统已成功地应用于世界范围内大量的遇险搜救行动中，在 2247 起遇险事件中已成功地救助了 7354 人。国际海事组织在《海上人命安全公约》中明确规定，所有总吨数 300 吨以上的船舶必须按照要求装备遇险定位与搜救设备。

COSPAS-SARSAT 全球卫星搜救系统以其可靠、方便、免费使用等优点赢得了人们的青睐，该系统不仅广泛地应用于航海领域，而且也对航空业和陆地用户提供全球性的卫星搜救服务。

COSPAS-SARSAT 全球卫星搜救系统由遇险示位标、卫星星座和地面系统三大部分构成。遇险示位标实际上就是一台可以完全独立工作的全自动发信机，示位标有三种形式：航空用紧急示位发射机（ELT）、航海用紧急无线电示位标（EPIRB）、个人位置示位标（PLB）。遇险示位标使用的频率有 121.5MHz、243MHz、406MHz。当用户遇险后，遇险示位信标可以通过人工或者自动由遇险时的撞击、水浸而激活（信标激活后可以存活 48 小时），发出遇险报警信号，经卫星转发后，由遍布全球的本地用户终端（LUT）接收并计算出遇险目标的位置，随后经国际通信网络通知遇险地区的相关搜救部门进行搜救。地面系统包括本地用户接收终端（LUT）和搜救任务控制中心（MCC）两大部分。本地用户接收终端的作用是跟踪搜救卫星并接收卫星转发下来的遇险示位信标信号和数据，然后解码、计算并给出信标识别码和位置数据，同时又实时修正卫星的轨道参数，把信标的报警数据和统计信息送给相应的搜救任务控制中心（MCC）。搜救任务控制中心必须和本地用户接收终端相连接，一个 MCC 至少要连接一个 LUT，美国的 MCC 连接了 12 个 LUT，其中有一个是静止轨道的 LUT。

早期，搜救卫星系统是由苏联的 COSPAS 卫星和美国的 SARSAT 卫星组成，主要利用高轨 GEO、低轨 LEO 卫星上安装搜救（SAR）载荷为遇险用户提供服务。海事卫星定位于 3.6 万千米的地球静止轨道，虽然覆盖面广，但距地面太远，如果地球发出的信号比较弱，卫星无法获得地面信号。低轨卫星高度在 850—1000 千米，由于该系统的卫星轨道较低，单颗卫星覆盖地球的面积比地球同步静止卫星小。对遇险目标来说存在着一定的等待时间，尤其是在靠近赤道地区，两颗卫星飞越同一地区的时间间隔最长可达 1.5 小时。在高轨、低轨的基础上，中轨轨道搜救能力因其全球覆盖和轨道高度适中等优点，成为满足全球搜救的较佳选择。

2017 年 10 月，国际搜救卫星组织联合委员会第 31 届会议在加拿大蒙特利尔召开。我国向会议提交了《北斗系统搭载搜救载荷技术状态》和《北斗系统搭载搜救发射计划》两份文件，会议同意将北斗系统及北斗系统搭载遇险搜救载荷写入国际搜救卫星组织中轨搜救卫星系统框架文件，这标志着北斗系统加入国际搜救卫星系统迈出了第一步。

2022 年 11 月，国际搜救卫星组织宣布北斗系统正式加入国际中轨道卫星搜救系统，标志着中国正式成为国际搜救卫星组织空间段提供国，北斗国际搜救服务成为继定位导航授时服务后第二个获得国际组织认可的全球服务。

中国参与了国际搜救相关标准制定，推动北斗中轨搜救载荷进入国际搜救卫星组织中轨搜救载荷相关标准，推动北斗返向链路进入国际搜救卫星组织遇险信标标准，并参与国际电工委员会终端相关标准制定。北斗系统加入国际搜救卫星组织，有利于提高全球范围内的人民生命财产救援能力，对进一步提升北斗系统在卫星导航领域的国际影响力和话语权产生了积极的推动作用。

第二节

以人为本的返向链路设计

北斗系统还有一项“看家本领”，即具有返向链路的确认功能，好比信息的“已读”等回执功能。这一功能在国际搜索救援服务中大有用处，堪称“希望之光”。如果一艘渔船在海洋作业中遇险了，船上的搜救终端在触水后会自动把搜救信号发到卫星上，卫星再把这些信息转发到地面系统，地面系统快速计算出遇险者的位置，组织附近力量展开救援。这一过程其实对在渔船上等待救援的人们来说是痛苦的，有时甚至是绝望的。因为这只是一种单向报警系统，求救信息发出后，求救者并不知道信息是否发送成功，更不能确定救援队伍是否会来，只能茫然无助地等待。

北斗改变了这种传统格局，它实现了搜救过程中的双向通信。当地面系统收到求救信息后，可以通过北斗特色的星间链路，利用可见卫星将回执信息以及地面救援力量的准备情况等信息反向发送给求救者，并且这些信息还可以对不同用户进行差异化定义。“信息已收到”“救援队伍准备完毕，正在赶来”“救援队伍即将到达”……这一条条回执信息，可以帮助提振求救者在等待过程中的信心，增强他们的生还信念。

北斗三号提供的救援服务是按国际卫星搜救系统标准，与其

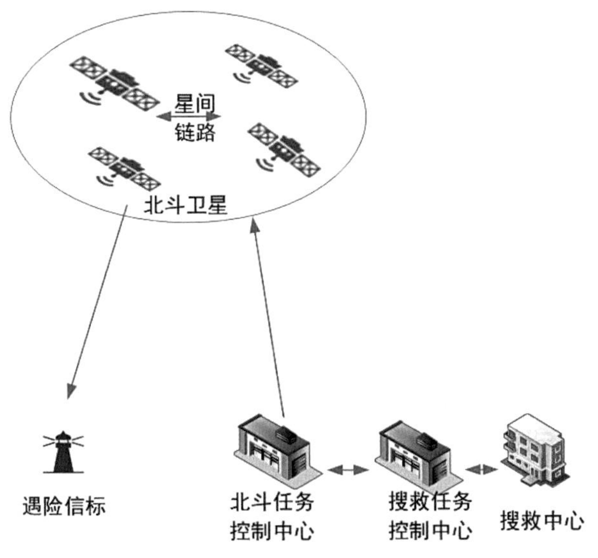

图 2-12　北斗国际搜救服务模式

他国际卫星搜救系统联合开展的一项免费公益性服务，主要用于水上、陆地以及空中遇险目标的定位和救援，北斗特有的返向链路进一步提升全球遇险安全保障能力。

北斗三号系统的 6 颗中圆地球轨道（MEO）卫星上搭载了中轨搜救载荷，配备国际搜救功能，可以与其他全球中轨搜救系统一起，为全球用户提供搜索救援服务。中圆轨道与地球静止轨道卫星结合起来使用，既有较大的覆盖面，接收信号能力也更强，对于国际搜救十分有利。中轨卫星（MEO）是搜救服务的优质载体，可面向大范围区域提供无线电搜索救援服务，通过星间链路实现更广范围的覆盖。

陆

高精度的精密单点定位服务

基本导航定位服务的精度已经让小北惊叹不已。殊不知，这还不是北斗的最高精度。不同应用场景结合精密单点定位等服务，北斗的精度将会更高。小北从国新办发布会上获悉，精密单点定位服务，将为中国及周边地区提供动态分米级、静态厘米级的高精度定位服务，大家想想，分米级和厘米级的高精度服务会给定位应用带来多大的变化，让人十分期待，测绘、位置追踪应用是否都能得到改善？

第一节

从商用付费到公益免费

精密单点定位系统（Precise Point Positioning，简称 PPP）起初主要由企业自行主导建设，提供付费商业服务。代表性系统有：美国喷气推进实验室（Jet Propulsion Laboratory，简称 JPL）研制的用于卫星定轨、科学研究和高端商业服务的全球差分 GPS（Global Differential GPS，简称 GDGPS）系统；Navcom 公司的 StarFire 系统，Trimble 公司的 OmniSTAR 系统和 RTX 系统，Fugro 公司的 StarFix/SeaStar 系统，Oceaneering International 公司的 C-Nav 系统，Hexagon 公司的 VeriPos 系统和 TerraStar 系统等。各商业精密单点定位系统一般使用国际海事通信卫星进行服务区域内的广域改正产品播发，并一般采用自定义数据格式。各系统主要服务模式与性能指标，如表 2-4 所示。

表 2-4　代表性商用 PPP 服务

服务	模式	精度指标（95%）	定位技术	支持系统 *
GDGPS	HP	1cm	PPP	GRECJ
StarFire	SF2	5cm（水平），12cm（垂直）	PPP	GR
Omni-STAR	VBS	1m	DGNSS	G
	HP	10cm	PPP	G
	XP	15cm	PPP	G
	G2	10cm	PPP	GR
RTX	View-Point	1m（水平）	PPP	GRECJ
	Range-Point	50cm（水平）	PPP	GRECJ
	Field-Point	20cm（水平）	PPP	GRECJ
	Center-Point	4cm（水平）	PPP	GRECJ
StarFix	HP	10cm	PhaseDGNSS	G
	G2	10cm	PPP	GR
	G2+	3cm（水平），6cm（垂直）	PPP	GR
	G4	10cm	PPP	GREC
	L1	1m	DGNSS	G
	XP2	10cm（水平），20cm（垂直）	PPP	GR
VeriPos	Apex	5cm（水平），12cm（垂直）	PPP	G
	Apex2	5cm（水平），12cm（垂直）	PPP	GR

续表

服务	模式	精度指标（95%）	定位技术	支持系统 *
VeriPos	Apex5	5cm（水平），12cm（垂直）	PPP	GREC
	Ultra	10cm（水平），20cm（垂直）	PPP	G
	Ultra2	10cm（水平），20cm（垂直）	PPP	GR
	Stan-dard	1m	DGNSS	G
	Stan-dard2	1m	DGNSS	GR
Terra-Star	Terra-Star-L	50cm	PPP	GR
	Terra-Star-C	5m	DGNSS	GR
	Terra-Star-C Pro	3cm	PPP	GR
	Terra-Star-X	2.5cm	DGNSS	GR

注：*G 表示美国的全球卫星导航系统（GPS）；R 表示俄罗斯的格洛纳斯系统（GLONASS）；E 表示欧盟的伽利略系统（Galileo）；C 表示中国的北斗系统（BDS）；J 表示日本的准天顶系统（QZSS）。

近年来，随着卫星导航系统的技术发展和能力提升，由基本导航卫星星座提供内嵌的公开或免费 PPP 服务已成为一大发展趋势。

欧盟伽利略系统设计在其 E6b 信号上提供全球覆盖、预期精度 20 厘米的高精度免费 PPP 服务。该服务的接口控制文件

（Interface Control Document，简称 ICD）已于 2022 年发布。日本 QZSS 则通过其 L6D 信号，面向日本本土提供基于 PPP–RTK 技术的厘米级增强服务（Centimeter Level Augmentation Service，简称 CLAS）。根据 2018 年 11 月已发布的 QZSS 性能规范（Performance Standard，简称 PS）及 ICD（IS–QZSS–L6–001），能够在 1 分钟之内快速收敛达到厘米级精度。此外，日本 QZSS 还正利用 L6E 信号，开展覆盖亚太地区的广域厘米级增强服务的技术验证。俄罗斯格洛纳斯系统也宣布了其 PPP 服务发展计划，预期精度 0.1 米，并将主要应用于精密工业、道路应急服务（Emergency Road Service，简称 ERS）和无人运输（Unmanned Transport）等领域。

北斗卫星导航系统同样重视 PPP 技术的建设与发展，2020 年 7 月，北斗系统正式公开发布“精密单点定位服务信号 PPP–B2b 空间信号接口控制文件（1.0 版）”，标志着北斗系统正式为用户提供精密单点定位服务。北斗系统的精密单点定位信息是由北斗系统的地面段自主生成，所有的数据监测、处理、发布，以及专业设备的建设与维护都一体纳入北斗系统地面段的运行管理体系，由国家负责建设、运行与维护。因此，用户不需要为精密单点定位服务支付额外费用，这也是卫星导航系统提供精密单点定位服务的天然优势。

第二节
高精度离你不再遥远

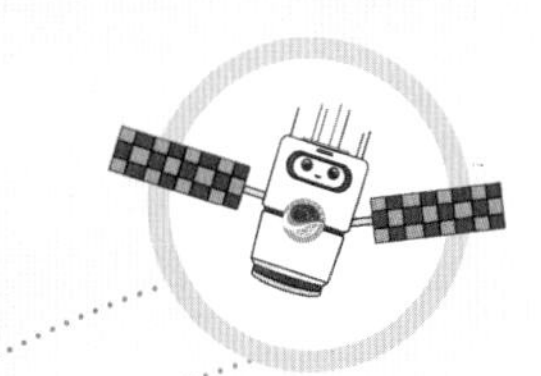

精密单点定位是北斗特色高精度服务。通常，卫星导航系统能够提供 10 米左右的定位精度，而精密单点定位精度更高，可以提供静态厘米级、动态分米级的高精度服务。相对于地基增强系统，该服务具备广域覆盖、精度均匀、所需地面站点较少的特点。北斗三号通过 3 颗 GEO 卫星提供服务，目前，世界上四大全球系统，只有我国北斗系统和欧盟伽利略系统可内嵌提供精密单点定位服务。

近日，小北与同学相约到亦庄游玩，路上看到不少头戴“帽子”的车辆。原来，这里建有高级别自动驾驶示范区，正加快落实高级别自动驾驶的规模化运行。

规模化自动驾驶需要高精度导航定位技术作为牵引，以保证道路交通秩序，维护驾驶人员生命安全。事实上，这里也脱离不了北斗的功劳。为提高基本导航系统竞争力，内嵌 PPP 功能现已成为卫星导航系统建设发展的一大趋势。北斗全球系统 GEO 卫星 B2b 信号作为数据通道，播发卫星精密轨道和钟差等改正参数，具备为我国及周边地区用户提供 PPP 服务的能力。由此，北斗 PPP 服务进一步完善北斗增强体系建设，满足自动驾驶、精准导航等高精度应用需求。

以自动驾驶的使用过程为例，介绍北斗精密单点定位的服务方式。

自动驾驶的等级定义，从没有任何驾驶辅助到完全自动驾驶，一共分为5个等级：L1、L2、L3、L4、L5。目前，大部分辅助驾驶功能都在L1到L3之间。L1、L2等级，实际上还是以人控制为主，只不过传感器和一些车载控制模块，会帮助驾驶员来执行一部分的驾驶功能；但从L3等级开始，驾驶员和车辆之间就会出现一个移交的过程，要么驾驶员将驾驶的主权交给车辆，要么在车辆认定自己没有办法自动驾驶时，将控制权交回给驾驶员。

北斗PPP服务，首先由各地面监测站对区域内可视全球卫星导航系统进行连续的伪距和载波观测，在进行必要的预处理后，通过网络将GNSS和气象观测数据传输至主控站。其次，主控站对观测数据进行质量校验与精度评估，主要包括与历史精密定位产品参数的重叠弧段比较、监测接收机差分测距误差评估等；在此基础上，进行动力学平滑处理，解算和拟合得到精密星历和钟差产品，送至注入站。再次，注入站将产品数据上注至GEO卫星，并经B2b信号向覆盖区域内装载北斗接收机的自动驾驶车辆播发。此时，监测站和主控站还会接收PPP增强电文，以完成对服务的有效闭环检测。同时，北斗系统地面段支持通过网络推送精密星历和钟差产品数据，使不具备B2b信号接收能力的自动驾驶用户也可以享受到北斗系统的高精度服务。最后，用户收到北斗播发的B2b信号，从信号中解析出精密星历和钟差产品数据，就可以对之前的测距进行误差修正，从而获得更高精度的测距结果。

北斗三号 PPP 服务分两阶段开展建设。第一阶段利用首批 3 颗 GEO 卫星的 PPP–B2b 信号 I 支路为中国及周边地区用户提供高精度免费服务，主要服务性能如表 2–5 所示。第二阶段将拓展服务范围，并进一步提升精度、减少收敛时间，更好地满足国土测绘、精准农业、海洋开发等高精度领域应用需求。

表 2–5 北斗三号 PPP 服务主要设计性能指标①

性能特征	性能指标	
	第一阶段（2020 年）	第二阶段
播发速率	500 比特 / 秒	扩展为增强多个全球卫星导航系统，提升播发速率，视情拓展服务区域，提高定位精度、缩短收敛时间
定位精度（95%）	水平≤ 0.3 米，高程≤ 0.6 米	
收敛时间	≤ 30 分钟	

我国北斗三号系统是首个提供实时精密单点定位服务的全球卫星导航系统，实时动态分米级、静态厘米级的定位精度必将为高精度行业提供全新体验。

① 中国卫星导航系统管理办公室：《北斗卫星导航系统公开服务性能规范（3.0）》，2021 年 5 月，见 www.beidou.org.cn。

高精度的地基增强服务

临近期末，小北走在校园中，看到测绘学院的学生正拿着测量仪器为他们的作业获取测量数据。测绘任务要以大地测量基准为基础，获得统一、协调、法定的坐标结果，才能获得正确的点位和海拔高，以及点之间的空间关系。

地基增强系统，通过在地面上布设相对广而密的基站，基于网络或电台向外实时发送高精度位置改正数，用户接收改正数后直接对观测值进行改正，最终能达到厘米级的定位精度。因此，地基增强系统既可以是大量基站组成的广域精度增强系统，也可以是少数基站组成面向某特定区域服务的局域增强系统。目前，地基增强系统在大地测量等领域应用广泛，保障了精确测量数据的获取。

第一节

织就全国一张网

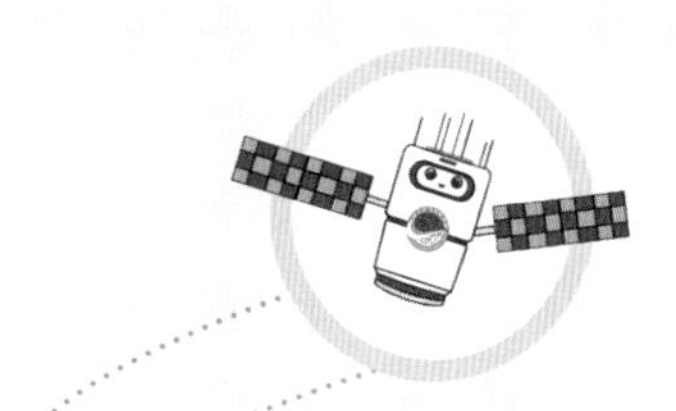

地基增强系统，顾名思义，就是利用地基手段（通信基站、互联网）播发改正信息。一般而言，地基增强技术需要地面监测站较密集，在区域范围内提供增强服务。一般由各国 / 地区政府、行业主管部门、企业根据需求建设，主要面向测绘、地壳监测、智能驾驶等低动态和静态用户，提供米、分米、厘米和事后毫米级高精度服务。

北斗地基增强系统，整合国内卫星导航地基增强资源，避免重复建设，织就全国一张网，建立国家数据综合处理中心，建设了 2700 多个地面参考站和数个数据处理中心，利用移动通信网络或互联网络，向北斗参考站网覆盖区内的用户提供米级、分米级、厘米级、毫米级高精度定位服务。

北斗地基增强系统由北斗导航增强站、通信网络、数据综合处理系统、数据播发系统、位置服务运行平台以及配套播发手段（利用国家已有基础设施）等组成。北斗地基增强系统通过在地面建设若干固定北斗增强站，接收北斗导航卫星发射的导航信号，经通信网络传输至数据综合处理系统，处理后产生北斗导航卫星的精密轨道和钟差、电离层修正等数据产品，通过卫星、数字广播、移动通信等方式实时播发，并通过互联网提供后处理数据产品的下载服务。

目前，北斗地基增强系统已在全国建设上千个地基增强站，用于在全国范围内接收北斗、GPS、格洛纳斯、伽利略等卫星导航信号，通过专用光纤网络传送到位于北京的北斗国家数据综合处理系统和位于西安的数据备份系统，形成分布全国的北斗导航增强“一张网”。借助通信网络，将北斗导航增强站、数据综合处理系统与各行各业的行业数据处理中心等连接起来，包括交通运输、国家测绘地理信息、气象、地震、国土资源管理等行业数据处理系统，提供更为专业的行业北斗精度增强定位服务。

我国北斗地基增强服务定义为公共服务，致力于打造物联网时代的新时空基础设施，基于国家北斗地基增强系统，建设了北斗高精度位置服务平台，构建了北斗高精度位置服务生态圈。

北斗地基增强服务模式包括集团用户和终端用户两种。集团用户通过专线获得北斗系统地基增强服务，并可向下级集团用户或终端用户提供定制服务。终端用户主要通过移动通信或互联网络获得北斗系统地基增强服务。北斗地基增强服务建设完成以来，已在交通运输、国土资源测绘、智慧城市、无人机巡检、地质灾害预警、智能驾驶等重要行业领域发挥了重要作用。

第二节
从米级到毫米级

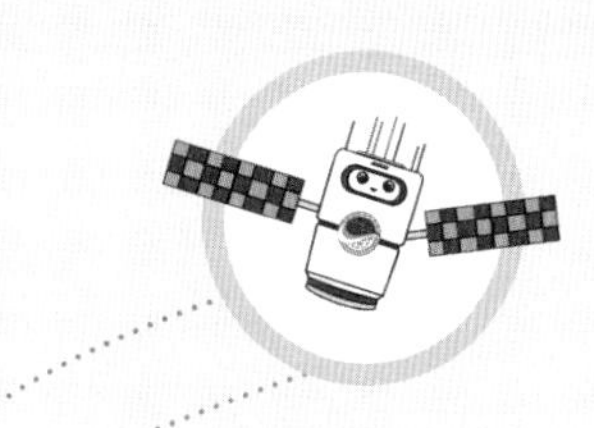

北斗系统地基增强服务，可实现米级、分米级、厘米级、毫米级定位精度，服务范围为北斗系统地基增强站网的覆盖区域。

表 2-6 北斗地基增强服务基本情况①

服务类型	广域增强服务			区域增强服务	后处理服务
增强数据产品	轨道改正数、钟差改正数、电离层改正数等			位置综合改正数	精密轨道、精密钟差等
增强对象	BDS			BDS/GPS/GLONASS	
技术特点	单频伪距增强	单频载波相位增强	双频载波相位增强	双频载波相位增强（网络 RTK）	后处理毫米级相对基线测量
精度等级	米级（实时）	米级	分米级	厘米级	毫米级（后处理）
定位精度	水平≤ 1.2 米 高程≤ 2.5 米 （95%）	水平≤ 0.8 米 高程≤ 1.6 米 （95%）	水平≤ 0.3 米 高程≤ 0.6 米 （95%）	水平≤ 4 厘米 高程≤ 8 厘米 （RMS）	水平≤ 4 毫米 高程≤ 8 毫米 （RMS）

① 中国卫星导航系统管理办公室：《北斗卫星导航系统公开服务性能规范（3.0）》，2021 年 5 月，见 www.beidou.org.cn。

续表

服务类型	广域增强服务			区域增强服务	后处理服务
初始化时间	实时	≤ 15 分钟	≤ 30 分钟	≤ 45 秒	—
播发方式	移动通信				互联网络
覆盖范围	中国大陆移动通信服务覆盖范围				中国大陆互联网覆盖范围
服务方式	免费			付费	
备注	1.D 为基线长度，单位千米； 2. 定位精度算法参照 GB/T 18314—2009				

随着经济社会的发展，5—10 米量级的定位精度已经不能满足社会的需要，经济社会发展对精度的需求要求越来越高。比如在无人驾驶、网约车等很多需要更高精度的应用，比如变形监测、泥石流监测、精准农业等领域，都需要高精度。那怎么办？我国开始建设地基增强系统，通过在全国范围内建设地基增强系统和北斗系统匹配融合，实现更高精度。

2022 年 11 月，北斗卫星导航系统新闻发言人冉承其在《新时代的中国北斗》白皮书发布会上介绍，我国已经建成了全国北斗地基增强系统一张网，具备向行业和大众用户提供实时米级、分米级、厘米级或者事后毫米级的高精度定位服务能力。

北斗地基增强系统使北斗服务精度由米级提升至毫米级，实时测试精度可以达到水平 1.2 厘米、高程 2.5 厘米；事后处理精度可以达到水平 4 毫米、高程 8 毫米。这样的高精度会带来更多样化的应用和服务。比如已经从传统的测量测绘向精准农业、形变监测、自动驾驶、电力巡检、智慧港口、共享单车等多个领域拓展应用。

全国北斗地基增强系统一张网已经为 230 多个国家和地区超过 15 亿用户提供了北斗加速定位和北斗高精度服务，总服务次数已经达到 2 万亿次，日服务次数接近 30 亿次，目前国内已经为 2000 多万部手机提供了高精度定位服务。在车道级导航方面，把高精度服务和汽车结合，和平常大家开车导航结合，选了国内 8 个城市进行试点，有深圳、广州、东莞、成都、重庆、杭州、苏州和天津。未来将在试点基础上进一步拓展，向全国提供更高精度的服务。

全国北斗地基增强系统一张网已经为国内共 110 万辆共享单车和全国 12 个城市的 20 万个停车电子围栏提供高精度服务，改变了共享单车乱停乱放的现象。北斗高精度应用为共享单车管理提供了切实可行的技术手段，在智慧城市建设中发挥了重要作用。基于一张网提供的高精度定位服务，国内 21 款智能汽车累计行驶里程已经突破 25 亿公里，5 万架行业类的无人机受益于该服务。

在这张网提供的众多次服务中，较为著名的一次服务是发生在 2020 年的珠峰测高。2020 年，中国和尼泊尔两国领导人举行了友好会谈，在双方的联合声明中表示，“考虑到珠穆朗玛峰是中尼两国友谊的永恒象征，双方愿推进气候变化、生态环境保护等方面合作，并将共同宣布珠峰高程并开展科研合作”。

珠穆朗玛峰是世界上最高的山脉，它的峰高出海平面 8844 米。但你知道吗？它又长高了！ 2020 年 12 月 8 日，中国和尼泊尔共同宣布了珠穆朗玛峰的最新高程——8848.86 米。

中国为此次测量工作，组建了一支包括 70 多名队员和 46 名技术人员的团队，首次使用北斗导航系统，替换一直在使用的个人测量系统，这样能更准确得出数据，重新定义珠穆朗玛峰的高度。

测量珠穆朗玛峰的高度，是以大地水准面为底，测量从它到珠穆朗玛峰的垂直直线距离，而地面普通的仪器很难测量大地水准面的位置，因此需要借助北斗和其他的导航系统来辅助完成，需要考虑的因素也非常多。而在测量的这个环节中，综合运用了多种传统和现代测量技术，综合运用全球卫星导航系统（GNSS）接收机、重力仪、冰雪探测雷达仪、峰顶觇标、长测程全站仪等国产仪器。其中，GNSS 测量是重要一环。

在珠峰峰顶，GNSS 接收机能通过卫星获取平面位置、峰顶雪面大地高程等信息，并将大地高程换算成海拔高程。2005 年我国对珠峰高程进行测量时，GNSS 卫星测量主要依赖美国的 GPS 系统。而此次测量，将同时参考中国北斗、美国 GPS、欧盟伽利略、俄罗斯格洛纳斯四大全球导航卫星系统，并且以北斗的数据为主。登顶测量时，顶峰的 GNSS 接收机将依托北斗系统和珠峰地区以及外围的 GNSS 监测网联机同步观测，还可监测相关地区的地壳运动。

这些年因为地震等原因，造成地球板块的细微运动，地球地形在不断地发生变化，珠穆朗玛峰的高度也在慢慢地发生改变，而我们通过测量世界第一高峰的高度，可以分析出很多其他相应的变化，这对科研也有一定的帮助。

一直以来，北斗卫星给人们的印象就是默默奉献的“幕后工作者”，它的名字虽然较少出现在社交媒体上，但它在我们的日常生活中扮演的角色越来越不可或缺。而在此次的高程测量工作中，北斗系统为 GNSS 提供主要的数据，改变了我国以往对国外系统的数据依赖。

第三篇

CHAPTER THREE

创新超越，铸就大国重器

人类之所以发明和建设卫星导航系统，是为了更加精准快速地掌握时间和空间信息。如果一个国家无法获取时间和空间信息，或是不能自主掌握这些信息而全部由他方来提供，就好像登山的保险绳掌握在他人手上，将面临巨大的安全威胁。

基于全球数字化发展日益加快，时空信息、定位导航服务已成为我们与这个世界进行交互的基本要素，从北斗七星到北斗卫星导航系统，再到导航增强系统，空间的定位精度提升到了厘米级甚至更高。从日晷到手表，再到原子钟，时间的测量精度提升到了纳秒级。

小北从日常生活中、新闻报道中对北斗服务越发了解，对北斗系统背后的组成、发展历程和未来构想产生了极大的好奇。

北斗星路历程

作为一个2002年出生的零零后，小北身边不乏狂热的追星族，身为理工科学生的小北却觉得很幼稚，认为自己是不会随意崇拜偶像的，然而一次偶然的选修课却改变了小北。

作为一个天文爱好者，小北在北大选修了天文观测课。一次观测实践中，老师讲道："同学们，我们现在看到的是编号第10929号小行星，也叫'陈芳允星'，它的运行轨迹……"

陈芳允是谁，小北打开了搜索引擎。

陈芳允，中国科学院院士，中国卫星测量、控制技术的奠基人之一，"两弹一星"功勋奖章获得者。

大牛啊，小北忽然感兴趣起来，详细读起陈芳允的生平事迹。

读到"1938年，陈芳允考入清华大学""1948年，在英国进行雷达研究的陈芳允毅然决定回国"，小北想到，这是一个有爱国情怀的人；读到"1965年，陈芳允担任卫星测量、控制的总体技

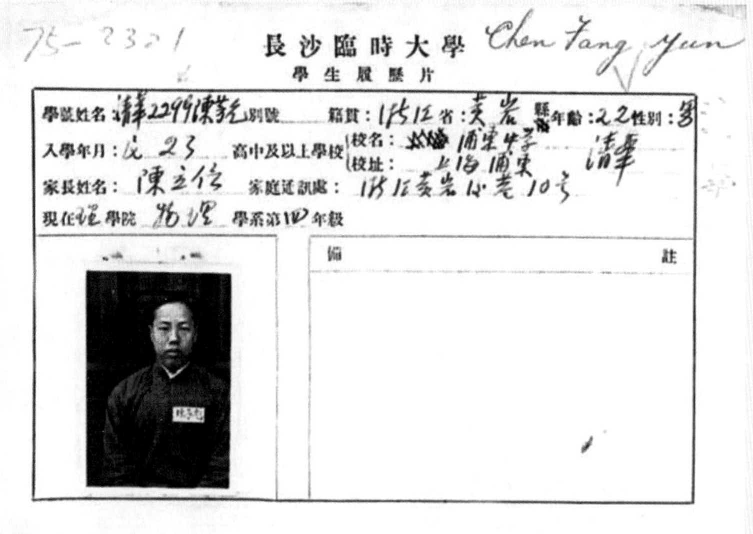

75-2321

長沙臨時大學 Chen Fang yun

學生履歷片

學號姓名 清華2299陳芳允 別號
籍貫：浙江省黄岩縣 年齡：22 性別：男
入學年月：民23 高中及以上學校 校名：浦東中学 清華
校址：上海浦東
家長姓名：陳立信 家庭通訊處：浙江黄岩小巷10号
現在理學院 物理 學系第四年級

備 註

图 3-1 陈芳允学生履历片①

术负责人，制定了中国第一颗人造卫星——‘东方红 1 号’的测控方案”，小北惊叹陈院士的成就；读到“陈芳允提出并主持了双星定位系统的研制工作，并在 1989 年演示成功”，小北为陈院士感到热血沸腾；读到“2000 年 4 月 29 日，为了共和国的事业奉献终身的陈芳允因运动神经元病中枢性呼吸衰竭病逝，在最后的住院期间还在为中国航天出谋划策”，小北情难自已，泪流满面。

当天晚上，小北在日记中写道：

我曾以为自己不会崇拜任何人，但 2020 年的今天，我有了自己的偶像。他是爱国者，他是科学家，他的名字叫陈

① 空天信息：《陈芳允：竭诚为国兴，努力不为私 | 寻踪空天精神》，见 http://mp.weixin.qq.com/s/yX88WJnWBAQElboJrzDKSg。

芳允。

“人生路必曲，仍须立我志。竭诚为国兴，努力不为私。”这是他的诗，也是他的人生格言，这指引着他为共和国的航天事业奉献了一生，作出了卓越的贡献。

北斗一号建成的那年他刚刚逝世，我知道我究极一生也无法企及他的高度，但从今天开始我不再迷茫，因为有他的精神指引我前进的方向，我将仰望星空，脚踏实地，继续他未竟的事业，为中国的航天事业尽一份绵薄之力。

君生我未生，我生君方逝。
我心向君心，日夜续君志。

——小北于北京大学图书馆

因为陈芳允的缘故，小北对中国卫星导航历史和发展产生了极大的兴趣，开始查阅与卫星导航相关的资料。

图 3-2 陈芳允院士[①]

① 空天信息：《陈芳允：竭诚为国兴，努力不为私 | 寻踪空天精神》，见 http://mp.weixin.qq.com/s/yX88WJnWBAQElboJrzDKSg。

第一节
谋定而后动

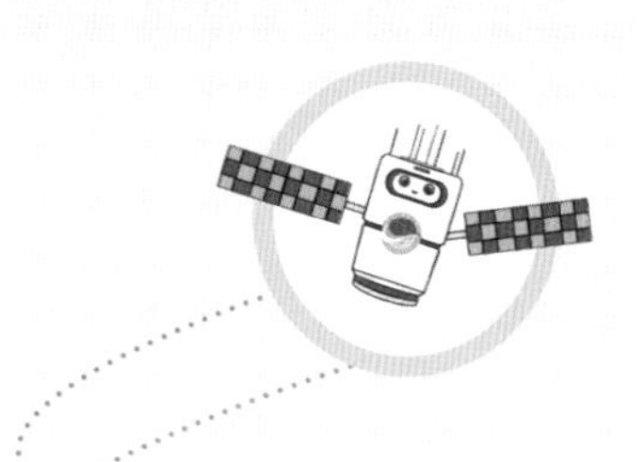

小北查阅北斗的“前世今生”，发现我国卫星导航系统的探索起步并不比美国 GPS 晚。1965 年 1 月，钱学森向国防科委提出“制定我国人造卫星研究计划”的书面报告，建议早日制定我国人造卫星，包括导航卫星的研究规划。其中对导航卫星的要求非常具体，比如由卫星上发出无线电信标，利用信标的多普勒频移来测量自己的位置，可以达到约百米的定位精度。

钱学森提出的人造卫星之导航卫星计划称为“灯塔一号”，不仅要用于军事，还非常注重在民用市场上的应用。现在我们听到这些概念觉得很普通，但要知道，这个卫星计划可是在 GPS 之前提出的，可谓非常超前。

（1）先驱工程——灯塔计划

20 世纪 50 年代，美国科学家观测卫星时偶然发现，卫星飞近地面时，接收机收到的无线电频率逐渐增高，飞远时这个频率逐渐降低，这就是卫星导航中著名的“多普勒频移效应”。科学家们因为知道地面台站的具体位置，通过测量收到卫星信号的多普勒频移变化，就可以计算出卫星的位置，也就确定了卫星轨道。在逆向思维引导下，科学家考虑并验证若知道了卫星的精确轨道，又通过测量卫星发出的信号所产生的多普勒频移变化量，就能得到我们与卫星之间的距离，此时通过多颗卫星测量，就能获知自己的位置。如此，便可通过卫星实现定位。

1958年，美国利用这个发现启动了子午仪系统研制，并发射了首颗导航卫星——子午仪低轨卫星；1967年，子午仪系统投入应用。这种以卫星作为导航台的无线电导航系统登上了历史舞台，开始向用户提供导航定位信息，它是世界上最早研制并试验成功的卫星导航系统，也为后续全球定位系统（GPS）的诞生奠定了基础。

同时期的苏联，在美国公开子午仪系统不久的1963年，开始研制类似的卫星导航系统，代号为“蝉”（Cicada）的卫星导航系统，这为后续全球卫星导航系统格洛纳斯（GLONASS）的建立奠定了基础。

这一时期的中国，经济实力和技术积累还不足，没有能力建设属于自己的全球卫星导航系统，但这并未阻止我国科研工作者研究与探索卫星导航的脚步。

早在20世纪60年代末，钱学森、赵九章等老一辈科学家通过对子午仪系统和蝉系统的研究发现了卫星导航的重要性，尽管当时的中国正处于特殊时期，各类条件不具备，基础也不配套，但科研人员仍然不畏艰难，开始在卫星导航领域艰辛探索。1970年，导航卫星技术方案基本完成，钱学森建议将我国导航卫星命名为“灯塔一号”[①]，而这项具有开创意义的重大工程，也有了一

① 卢鋆：《北斗完成全球组网意味着什么?》，《网络传播》2020年第6期。

个既生动形象又兼具美好寓意的名字——“灯塔计划”。1972 年，“灯塔一号”模拟星完成；1977 年 9 月，“灯塔一号”卫星正式进入正样研制阶段，其试验星成功发射指日可待。

然而世事无常，在当时国内技术水平和工艺条件薄弱的影响下，到了 20 世纪 70 年代末，最初确定的系统技术指标和要求已经逐渐陈旧落后，又因运载工具迟迟未能落实，加上国家战略规划调整，综合经济基础、技术力量等各方面的制约，1980 年 12 月 31 日“灯塔一号”研制任务被撤销，计划未果而终。

十余年的理论研究与潜心研制，但最终因技术方案调整、经济财力不足等原因，未能付诸实施。灯塔计划虽然搁浅，但如钱学森、陈芳允等人对卫星导航的探索与追寻为日后的成果奠定了基础，该计划就如其名，像黑夜中的一盏明灯，为我国后续卫星导航发展指引着方向。

——小北的笔记

（2）孕育摇篮——双星定位

“灯塔一号”奏响了我国卫星导航的序曲，但中国卫星导航系统可以说是从“双星定位”真正开始的。

1983 年，中国已经开始了改革开放，经济逐渐开始复苏，科学界也迎来了发展的春天，更多航天领域的科技工作者认识到了卫星导航的作用，很多人都想象着中国何时能拥有自己的卫星导航系统。然而，想要短期内发射较多数量的导航卫星，比肩美、俄发达国家航天及导航技术，几乎没有可能。那么，中国在当时仅有1颗同步卫星、即将拥有2颗同步卫星的现实条件下，有可能实现导航定位吗？时任“东方红二号”卫星测控系统总师的陈芳允院士产生了一个大胆的想法。

陈院士在工作中考虑将地球静止轨道上运行的卫星作为一种资源进行开发，实现卫星的综合利用，并组织团队对如何利用地球静止轨道卫星进行定位开展了研究。经过深入分析，用2颗静止通信卫星可对在地面或近地空间用户定位，2颗卫星获得两个参数，还可用地球中心到用户距离参数加上测高求解三维空间坐标，仅用2颗卫星便可在我国本土和周边地区，获得百米左右的定位精度。

为此，陈院士组织团队开展了深入研究和论证，逐渐形成了我国双星定位通信的基本原理，即利用2颗地球同步轨道卫星来测定地面和空中目标，实现区域的导航定位。之后，陈院士推动在北京跟踪与通信技术研究所成立了双星定位系统技术总体组，全力推动开展论证研究。在1986年底完成总体技术方案论证基础上，1989年6月完成了演示试验方案论证，并于同年8月至9月，利用2颗“东方红二号”甲通信卫星进行了双星快速定位系统演示试验，此次试验在北京演示点上获得了20米、30米的定位精度，获得巨大成功。

几十载的无线电电子学及电子和空间系统工程的科学研究和开发工作，使得陈院士提出了“双星定位”这个大胆的设想，而后利用通信卫星进行了双星定位演示验证试验，实现了地面目标利用两颗卫星一体化完成快速定位、通信和定时的任务，为后续北斗工程的顺利实施奠定了坚实基础。他是中国卫星导航技术的奠基人，是北斗卫星导航系统的开创者！

——小北的笔记

第二节
北斗的“三生三世”

卫星导航系统的“首秀”在海湾战争，1991 年，以美军为主的多国部队在全球定位系统（Global Positioning System，简称 GPS）的指引下，迅速穿过被伊拉克军队视为禁地的沙漠地区，并对其形成包抄，打了对手一个措手不及。此后，卫星导航系统在战争中持续发挥着重要作用。

我国也认识到卫星导航的重要性，决定建设属于自己的卫星导航系统。从一个“缺”字当头——关键技术和设备短缺，到卫星导航研究的人才短缺，经费也捉襟见肘，再到北斗全球组网的完成，一切艰辛与荣耀，尽在不言中。

北斗导航经过一代代更新升级，我们已经拥有了高精度定位的优势，还具备国外其他系统没有的短报文功能，“后发制人”“逆风翻盘”这些词用在北斗身上再合适不过。

（1）北斗一号——梦想起航

历经“灯塔计划”，特别是完成了“双星定位”的演示验证，让中国在卫星导航领域具备了一定的技术储备。而此时的中国经过了改革开放多年发展，技术经济水平也有了大幅提升。至此，中国人决定开始建设自己的卫星导航系统。1994 年 1 月 10 日，随着“北斗一号”系统正式立项，北斗系统的梦想正式起航。

经过一系列的研究论证和准备工作，2000 年我国在西昌卫星发射中心发射了 2 颗地球静止轨道卫星，正式建成了北斗一号卫星定位系统，迈开了我国卫星导航系统建设的关键一步。2003 年，我国又发射了北斗一号第 3 颗卫星，作为前 2 颗卫星的备份卫星；2007 年，发射了北斗一号第 4 颗卫星，作为北斗一号第 1 颗卫星的接续卫星。北斗一号之所以叫作卫星定位系统，而不称为导航系统，是因为北斗一号只能为用户提供基本定位服务，而不能为动态用户提供连续导航服务。北斗一号采用有源定位体制，也就是说，用户需要发射定位请求信号，系统才能对其定位，这个过程要依赖卫星转发器，有时间延迟，且容量有限，满足不了高速运动的飞机、车辆等载体的导航需求。但北斗一号巧妙参考了双星定位设想，设计了双向短报文通信功能。GPS 只能知道“我在哪里”，而北斗不仅知道“我在哪里”，还能让别人知道“你在哪里”，这种通信与导航一体化的设计也是北斗最闪亮的特色之一。北斗一号的建成，标志着我国成为继美、俄之后世界上第三个拥有卫星定位系统的国家，实现了从无到有的突破。

泪目！2000 年 10 月、12 月，北斗一号第一颗、第二颗卫星先后成功发射，北斗一号系统建成并投入使用，中国卫星定位系统实现了从无到有的突破，陈院士提出的“双星定位”理论变为现实，可是陈院士却没有看到，因为他已于半年前仙逝。

——小北的笔记

（2）北斗二号——区域星座

在北斗一号即将建成之际，我国同步启动了北斗二号的论证工作。论证开始的时候，很多专家都认为，北斗应该借鉴美、俄已经验证过的成熟发展模式。美、俄发射的都是中圆轨道卫星，主要运行在距离地球 2 万多公里的轨道，运行周期一般在 12 个小时左右。要实现全球每个用户、每时每刻都能接收至少 4 颗卫星（这是用户定位所需的最少卫星数），那么，一个完整的星座至少需要 20 多颗中圆轨道卫星。但是在那个年代，我国经济基础和航天技术水平相对薄弱，直接构建全球系统相当吃力。此时，许其凤院士提出我们可以以地球静止轨道卫星和倾斜地球轨道卫星为主构建区域星座，但这种思路在国际上尚属首次，国内对此产生了激烈的讨论。“两弹一星”元勋孙家栋院士牵头成立了二代导航顶层设计专家组，对星座方案组织了多轮的专题研讨，并多次邀请向中央领导同志写信提出北斗二号导航系统建设建议的十余名老院士深入讨论分析，特别是对需求满足度、技术成熟度、建设周期和经费等进行了全面对比分析。最终各方统一了思想，同意采用区域星座方案。

方案确定后，2004 年，启动北斗二号系统工程建设；2012 年，完成 14 颗卫星（5 颗地球静止轨道卫星、5 颗倾斜地球轨道卫星和 4 颗中圆地球轨道卫星）发射组网，为亚太地区提供定位、测速、授时和短报文通信服务。

北斗二号系统在兼容北斗一号有源定位体制的基础上，增加了无源定位体制，也就是说，用户不用自己发射定位请求信号，仅依靠接收信号就能定位。北斗二号系统的建成，不仅服务中国，还可为亚太地区用户提供定位、测速、授时和短报文通信服务。从服务性能来看，北斗二号系统在覆盖范围内的定位、导航和授时精度优于当时的格洛纳斯和伽利略，只是与 GPS 略有差距，北斗系统又迈出了从国内向亚太拓展的关键一步。

事实证明，区域星座方案是符合我国国情和经济技术实际、符合北斗战略发展的最佳选择。5+5+4“混合星座”也充分体现了中国智慧，5 颗倾斜地球同步轨道卫星与 5 颗地球静止轨道卫星相结合，先构成对中国和周边地区最高效连续覆盖的卫星导航区域星座；同时考虑到未来发展全球系统的需要，再增加 4 颗中圆轨道卫星，构成一个星座子网，这丰富了世界卫星导航发展技术体系，为世界贡献了一种独特的卫星导航发展之路。

——小北于北京大学图书馆

（3）北斗三号——全球组网

2009 年，北斗三号立项，正式开启我国卫星导航逐梦全球之旅。

2017 年 11 月，发射第一组北斗三号卫星，之后一系列高密度成功发射组网，令世界瞩目。

表 3-1 北斗三号卫星发射时间记录表

序号	日期	卫星	地点	结果
1	2017.11.5	第 1、2 颗北斗三号卫星	西昌	成功
2	2018.1.12	第 3、4 颗北斗三号卫星	西昌	成功
3	2018.2.12	第 5、6 颗北斗三号卫星	西昌	成功
4	2018.3.30	第 7、8 颗北斗三号卫星	西昌	成功
5	2018.7.29	第 9、10 颗北斗三号卫星	西昌	成功
6	2018.8.25	第 11、12 颗北斗三号卫星	西昌	成功
7	2018.9.19	第 13、14 颗北斗三号卫星	西昌	成功
8	2018.10.15	第 15、16 颗北斗三号卫星	西昌	成功
9	2018.11.1	第 17 颗北斗三号卫星	西昌	成功
10	2018.11.19	第 18、19 颗北斗三号卫星	西昌	成功
11	2019.4.20	第 20 颗北斗三号卫星	西昌	成功
12	2019.6.25	第 21 颗北斗三号卫星	西昌	成功
13	2019.9.23	第 22、23 颗北斗三号卫星	西昌	成功
14	2019.11.5	第 24 颗北斗三号卫星	西昌	成功
15	2019.11.23	第 25、26 颗北斗三号卫星	西昌	成功
16	2019.12.16	第 27、28 颗北斗三号卫星	西昌	成功
17	2020.3.9	第 29 颗北斗三号卫星	西昌	成功
18	2020.6.23	第 30 颗北斗三号卫星	西昌	成功

2020 年 6 月 23 日，随着最后一颗北斗三号卫星发射升空，北斗全球系统完成星座部署。7 月 31 日，习近平总书记宣布北斗全球系统正式开通，标志着北斗系统全面进入全球化服务的新阶段。北斗全球系统继承有源和无源两种体制，可为全球用户提

供服务，而随着卫星能力的提升，除了定位导航授时，北斗系统还提供短报文通信、星基增强、国际搜救、精密单点定位等多样化服务。

服务的开通只是开始，北斗不会停止前进脚步。未来，北斗建设者将采取措施来提高系统的运维保障和应急处理能力，保障系统稳定运行；也将积极推动北斗应用市场化、产业化、国际化发展；同时将综合利用多种手段，融合各项技术，致力于为全球用户提供更好的 PNT 服务！

北斗真牛！自 2017 年 11 月发射第一颗“北斗三号”全球系统卫星，“北斗三号”全球组网建设启动，到 2020 年 6 月完成 30 颗卫星组网，只花了 2 年半时间。相比之下，美国 GPS 卫星导航系统于 1978 年发射第一颗卫星，1993 年完成星座组网，历时 15 年；俄罗斯格洛纳斯卫星导航系统于 1982 年发射第一颗卫星，1995 年完成星座组网，历时 13 年；欧洲伽利略卫星导航系统 2011 年发射首批 2 颗 Galileo-IOV 卫星，至今未完成满星座部署。这就是中国速度，这是由中国创造的航天史奇迹！

——小北于北京大学第一教学楼

天疆大棋局

2020年6月23日，北斗三号最后一颗全球组网卫星在西昌卫星发射中心点火升空，随着帆板缓慢展开，这颗北斗收官之星的太阳翼华丽开屏，随后顺利进入预定轨道。至此，北斗全球卫星导航系统星座部署完成，几十颗北斗卫星在天疆部署出一盘大棋局。

在这天疆大棋盘中，北斗卫星正是盘中金光璀璨的棋子，是北斗导航服务的基石，几十颗卫星编织成“太空星网”。

这些卫星棋子分布在三种不同轨道上，保证了全球范围内任何时刻、任何地点都能至少同时观测到4颗卫星，这些卫星通过播发卫星导航信号，时刻帮助地球上那些需要定位导航的人们。

星网中不同卫星间也需要随时交流，以便对卫星进行更加精密的定轨，实现时间同步，同时对星座运行进行管理。为此，北斗系统采用了“独门绝技”，就是星间链路，有了它，卫星之间形成信息传输网，使得星与星之间可随时互通。

这张太空星网让北斗导航不负众望，成为更优秀的北斗，具备了更加优质的导航服务能力。

第一节
卫星三兄弟

2018 年 11 月 1 日、19 日，20 天时间里北斗卫星连续发射了两次，在惊叹北斗组网发射速度的同时，小北发现两次发射的竟然是不同的卫星，一次是 GEO 卫星，另一次是 MEO 卫星，而 5 个月后的 2019 年 4 月发射的又是 IGSO 卫星。这些都是北斗卫星，怎么会有这么多不同名字呢？

事实上，这三种卫星来自于北斗三号星座大家族，是“北斗三兄弟”，只是分处在三种不同的卫星轨道上，即地球静止轨道（GEO）、倾斜地球同步轨道（IGSO）、中圆地球轨道（MEO）。北斗三号星座家族中共有 3 颗 GEO 卫星、3 颗 IGSO 卫星以及 24 颗 MEO 卫星。三兄弟根据所处轨道不同，具有不同的性格与特长，却又强强联合，共同为全球用户提供高质量的定位导航和授时服务。①

（1）北斗 GEO 卫星“高瞻远瞩”

北斗 GEO 卫星，即地球静止轨道卫星，轨道高度为 35786 千米，与赤道面的倾角为 0 度，其运动周期与地球自转相同，相

① 杨元喜主编，谢军、常进、丛飞：《北斗导航卫星》，国防工业出版社 2022 年版。

对地面保持静止。北斗三号系统的 3 颗 GEO 卫星分别定点于赤道上空东经 80 度、115 度和 140 度，星下点轨迹（即卫星在地球上的投影）是一个点。

GEO 卫星是高轨卫星，单颗卫星覆盖范围很广，可覆盖地球约 40%的面积，3 颗北斗 GEO 卫星，就可以实现对全球除南北极之外绝大多数区域的单重覆盖；且 GEO 卫星始终随地球自转而动，对覆盖区域内用户的可见性达到 100%，可实现 24 小时连续覆盖，因此对于区域覆盖、区域增强具有明显的应用优势。

（2）北斗 IGSO 卫星漫步范围广

北斗 IGSO 卫星，是倾斜地球同步轨道卫星，轨道高度与北斗 GEO 卫星一样同为 35786 千米，运行周期与地球自转周期相同。北斗 3 颗 IGSO 卫星分布在 3 个倾角为 55 度的轨道面内，三颗卫星升交点地理经度为东经 118 度。因 IGSO 轨道面有倾角，其星下点轨迹呈现“8”字形。

同样是高轨道卫星，IGSO 卫星信号可接收范围广，特别是在 GEO 卫星不好覆盖的高纬度地区具有明显的优势。IGSO 卫星总是覆盖地球上某一个区域，与 GEO 卫星搭配使用，一定程度上可以克服 GEO 在高纬度地区仰角过低带来的影响。我国地处北半球，北斗 GEO 在赤道平面内运行，由于高大山体、建筑物的遮挡，在其北侧的用户难以接收 GEO 卫星信号，这就是著名的“北坡效应”，而北斗 IGSO 卫星则可有力缓解北坡效应带来的影响。

（3）北斗 MEO 卫星全球运转

北斗 MEO 卫星，是中圆轨道卫星，轨道高度为 21528 千米，轨道倾角为 55 度，分布于 Walker24/3/1 星座，[①] 7 天内可绕地球跑 13 圈。北斗三号系统共 24 颗 MEO 卫星，是北斗三号系统组网的主力，在 2 万公里左右的高空，在自己的轨道上绕着地球一圈又一圈地奔跑，其星下点轨迹不停类似绕着地球画波浪线，卫星可覆盖到全球更广阔的区域。

也因其全球运行、全球覆盖的特点，MEO 是全球卫星导航系统实现全球服务的最优选择。

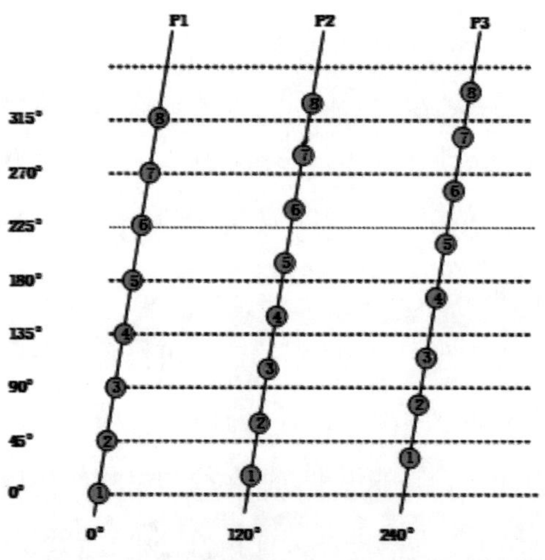

图 3-3　北斗 MEO 卫星轨道部署

① 孙家栋、杨长风主编：《北斗二号卫星工程系统工程管理》，国防工业出版社 2017 年版。

第二节
中高轨混合星座

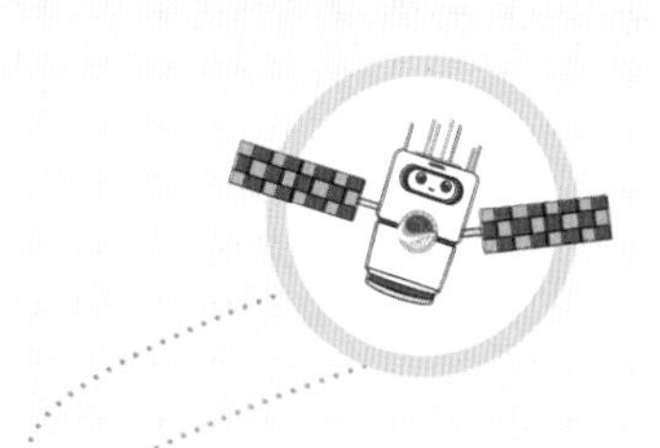

早期世界各卫星导航系统星座设计大体相同，GPS、格洛纳斯、伽利略系统均采用单一中圆轨道星座。但 MEO 全球运转，地面固定站点的可见性为 40%左右，在这种情况下，就对如何实现 MEO 星座全球运行管理提出了较高要求。

鉴于 GEO 卫星因其轨道位置固定，所以空间几何分布受限，根据卫星导航四星定位原理以及对空间卫星的几何分布要求，无法独立构成导航星座，需与其他轨道的卫星配合构建北斗星座。为此，北斗系统结合国情和三种卫星特点，在国际上首次独创了包含三种轨道的中高轨混合星座，编织出璀璨太空星网。北斗一号系统星座是 2 颗 GEO 卫星，到了北斗二号系统发展为 5 颗 GEO、5 颗 IGSO 及 4 颗 MEO 卫星，再到北斗三号系统成为 3 颗 GEO、3 颗 IGSO 及 24 颗 MEO 卫星（均为标称星座）。随着北斗二号卫星逐步到寿，北斗系统服务将主要由北斗三号星座完成。

混合星座，是北斗星座设计者们潜心设计的杰作，不同轨道的北斗卫星具有全球覆盖、突出重点、兼容衔接、平稳过渡、功能丰富、效费比高、简化状态、降低风险等特点，其构型理念凸显了中国智慧。

一是使用较少卫星即可获得服务区域更高性能。使用混合星座能够以相对较少数量的卫星保证重点服务区内的服务性能，如只使用 MEO 卫星，北斗要达到与 GPS 当时相当的性能，则需发射较多数量的 MEO 卫星；利用混合星座设计，仅用较少的卫星既满足了国家当时卫星导航系统急需，又获得了重点服务区域与国外系统相当的服务性能。

二是可加快星座提供导航服务的速度。根据不同卫星类型，可以采用分阶段策略部署混合星座，部分卫星组合即可提供服务，从而加快了形成导航服务能力的进程。同时，有利于及时启用申请的导航频率和轨位资源，保障系统顺利建设。

三是为系统具备更多功能提供了多样化载体。采用 GEO 卫星，使得北斗系统在增加位置报告、短报文通信、星基区域增强功能方面成为可能；鉴于 IGSO 卫星的星下点轨迹为重复“8”字形，采用 IGSO 卫星，使得北斗在重点区域、遮挡区域、低纬度区域获得了更好的观测几何结构，显著增强了北斗系统在重点服务区内的导航性能。

北斗三型轨道混合星座的成功，丰富了世界卫星导航发展技术体系，为世界卫星导航领域提供了新思路。俄罗斯格洛纳斯拟在后续系统星座建设中增加 IGSO 卫星，并将其星基增强系统 SDCM（采用 GEO 卫星）纳入其中，形成三型轨道混合星座体系；美国时隔 40 余年再次启动导航技术试验卫星 NTS-3 计划，也将增加 GEO 卫星试验导航卫星新技术，形成混合星座体系。

第三节

星间链路八年磨一剑

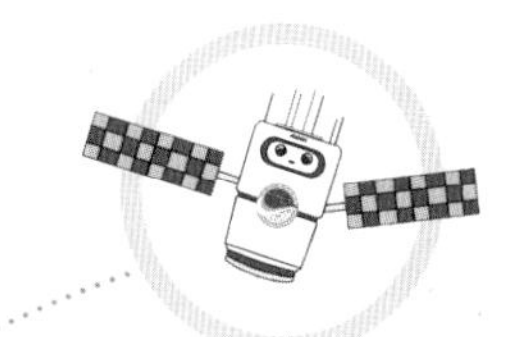

小北拜读鲁迅先生的作品《故乡》时，曾对“其实地上本没有路，走的人多了，也便成了路”这句话印象深刻。几十年后，两颗卫星在两万多公里的高空发起对话：“太空本无路，我们之间频繁测距和交换数据，来来往往也就成了路”。这两颗卫星就是2017年我国北斗三号第一、第二组网卫星，拉开北斗全球组网大幕，同时在太空铺设一条新路——星间链路。其实早在2015年3月30日发射的第17颗北斗导航卫星上，拥有我国自主产权的星间链路载荷就已经首次亮相，对建链方式、测距精度和数据传输时延及效率等多项内容进行了验证。8年时间，从设计到在轨组网，北斗星间链路在浩瀚星河中架起了座座太空桥梁。

（1）何为星间链路

所谓星间链路，是指用于卫星与卫星之间通信的链路，它可以将多颗卫星互联在一起，实现卫星之间的精密测量和信息传输。通过星间链路，所有卫星就像建了一个群聊天，如3-4图所示。“天上的群聊对话”实现后，北斗卫星就不用过分依赖地面，这可以有效解决北斗系统地面站分布受限的现实难题。

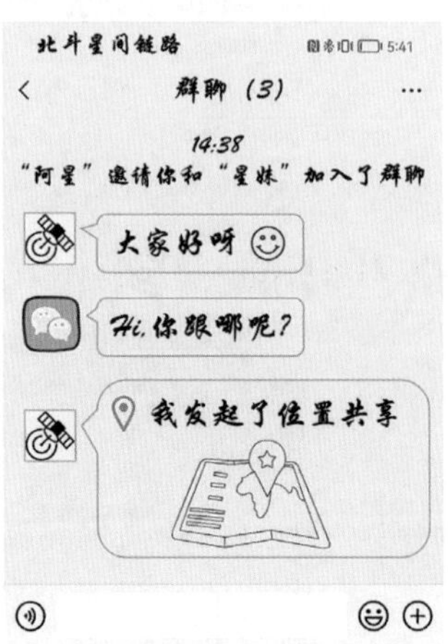

图 3-4　星间链路漫画图

通过射频发射和接收设备两样工具，星间链路在两颗卫星之间铺设起“高速路”，实现星座卫星之间的双向测距和数据交换，如图 3-5 所示。

图 3-5　星间链路“高速路”漫画图

北斗一号和北斗二号是区域卫星导航系统，服务范围为我国及周边地区，均没有设计星间链路。在北斗三号系统建设中，为了实现全球组网运行服务，采取了星间链路方案。在星间链路设计建设初期，工程师们考虑了三种不同的链路建立方式：一是参照 GPS 在 MEO 卫星之间建立低低星间链路，GEO、IGSO 和 MEO 高低卫星之间不建立星间链路；二是在 GEO、IGSO 与 MEO 卫星之间建立高低星间链路，MEO 卫星之间不建立星间链路；三是在 GEO、IGSO 和 MEO 卫星之间均建立星间链路。

经过 2015 年 3 月 30 日发射的第 17 颗北斗导航卫星充分的分析与验证试验，北斗星间链路最终采用第三种方案，使用 Ka 频段，建立高—中轨、中—中轨卫星链路和星—地链路[①]，实现“一星通，星星通”，如图 3–6 所示。

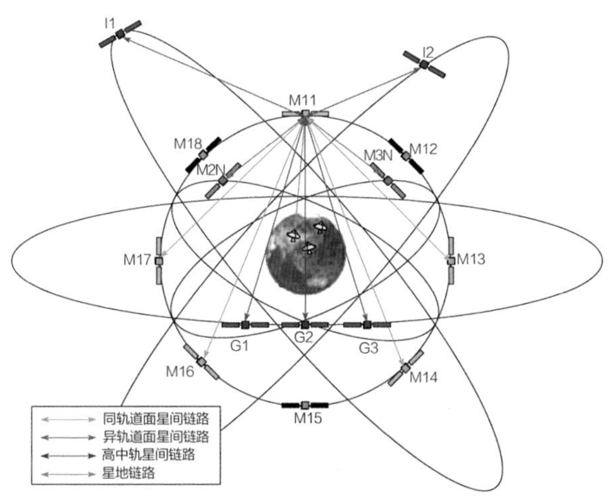

图 3–6　北斗三号卫星建链示意图[②]

① 刘成、高为广、潘军洋、唐成盼、胡小工、王威、陈颖、卢鋆、宿晨庚：《基于北斗星间链路闭环残差检测的星间钟差平差改正》，《测绘学报》2020 年第 9 期。

② 杨宇飞：《利用星间链路提升北斗 PNT 服务空间信号精度理论与方法研究》，战略支援部队信息工程大学博士学位论文，2019 年。

目前，北斗三号所有卫星均配置星间链路载荷，并且常态化运行，支持北斗提供高精度全球导航服务，美国 GPS 尚未常态化运行、俄罗斯格洛纳斯目前只在少数卫星上进行了在轨试验，欧盟伽利略第一代系统、印度 NavIC 系统、日本 QZSS 系统尚无该设计。

（2）星间链路让卫星实时“通话”

有了星间链路这一联络渠道，再配上拟定的双方可互认的标准“语言”，“北斗星”们便可随时随地灵活“通话”，实现高精度星间距离测量，进而计算出每一颗卫星的精密轨道和钟差，为全世界用户提供优质服务。当然，“通话”要顺利开启，需要卫星与卫星互相可见，并能听到并明白对方的“语言”。

◎　卫星和卫星之间可见

北斗三号系统星座由 30 颗卫星组成，其中 24 颗为 MEO 卫

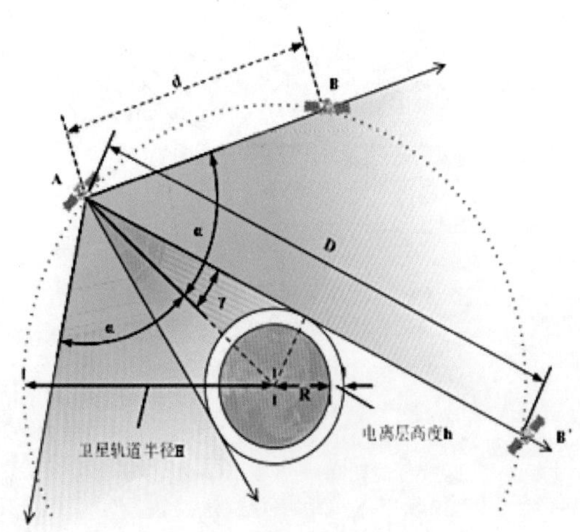

图 3-7　星间链路可见性分析

星，它们采用 Walker 星座，平均分布在 3 个轨道平面，每个轨道包含 8 颗 MEO 卫星，卫星之间相互可见是实时“通话”的前提。

对于卫星 A，定义 α 为波束扫描单边宽度，γ 为地球的视张角（包含电离层高度 h），由于波束扫描范围和地球遮挡的限制，对于卫星 A 来说，仅可见处在绿色区域内的卫星，如图 3–7 所示。

北斗三号 MEO 卫星在同一轨道平面，相对位置关系固定。M11~M18 为星座同一轨道面内的 8 颗卫星，以卫星 M11 为例，由于地球的遮挡和波束扫描范围限制，卫星 M11 与卫星 M12、卫星 M15 和卫星 M18 相互不可见，与卫星 M13、卫星 M14、卫星 M16、卫星 M17 共 4 颗卫星可见，这便是处于同一轨道面的 8 颗 MEO 卫星间的可见关系。

事实上，除了 MEO 与 MEO 卫星可以建中—中轨卫星链以外，MEO 还可以与 GEO 卫星、IGSO 卫星进行中—高轨卫星建链。

为此，北斗三号星间链路终端间的可见关系可分为两类，一是 3 颗 GEO/3 颗 IGSO 卫星与 24 颗 MEO 卫星之间非持续可见；二是 24 颗 MEO 卫星中的每一颗，可与处在同一轨道面内的 4 颗 MEO 卫星及每个相邻轨道的 2 颗 MEO 卫星持续可见，与同一轨道面内相邻及正对位置的 MEO 卫星持续不可见，与其他卫星非持续可见，多条星间链路构成时变星间网络。

若把处于三个轨道面的 24 颗北斗 MEO 卫星放在一起，卫星间的可见关系可用下面这张棋盘图表示，棋盘行与列代表不同的 MEO 卫星，灰色格表示这两颗星可持续可见，白色格代表这两颗星非持续可见，而黑色格代表这两颗星不可见。黑、白、灰三色交织，MEO 卫星间的可见关系让这个太空棋局熠熠生辉。

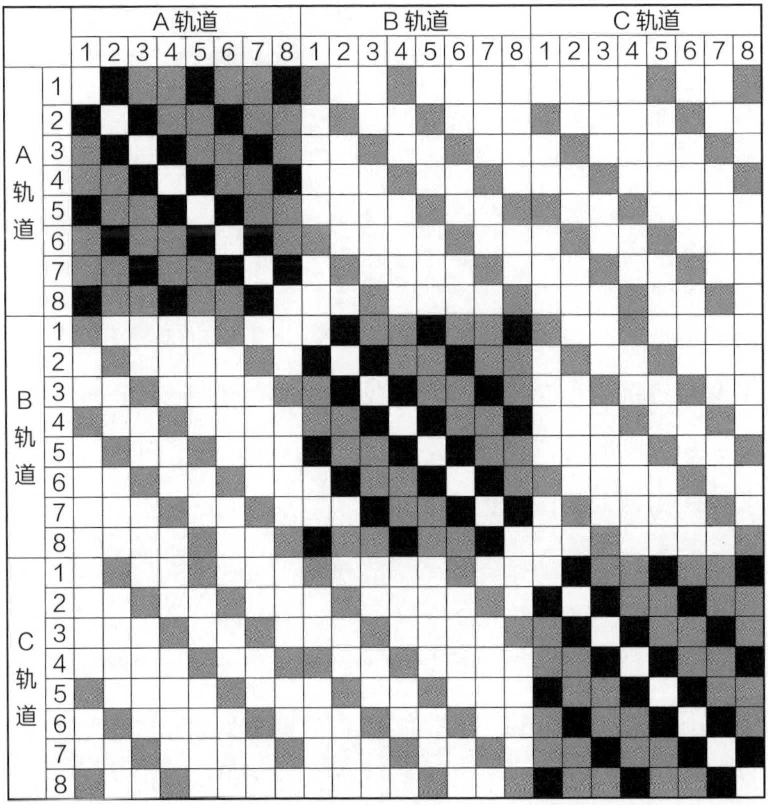

图 3-8　棋盘图

相互可见的卫星，通过对卫星上安装天线的波束进行对准，就可相互间播发传输信号。

◎　**星间链路建链畅聊**

卫星天线波束对准后，可见的两颗卫星便能够接收彼此发出的信号，通俗地说就是能听到对方的“语言”了，而随后按照约定的协议解析出对方传递的信息，便是听懂了对方的“语言”。如此，两颗北斗卫星在茫茫太空中高速飞行时，便能快速地握手畅聊，完成信息交换。

因为卫星在太空中运动速度很快，在无线通信过程中容易受到“多普勒效应”带来的影响。两颗卫星间要完成一次畅聊进行信息交换，使得北斗星间链路需在 100 毫秒的时间内完成捕获、跟踪等一系列复杂的信号处理程序，从而成功完成星间链路的高速建立和切换。

此外，星间建链还要考虑干扰信号影响，它就像是狡猾的敌人无处不在。但无论是有意干扰还是无意干扰，星间链路都自有对策，当干扰信号的强度是卫星信号的 10 万倍时，链路依然可以自在地工作，即便要接收的信号功率相当于我们手机接收的信号功率的十亿分之一，它也依然可以正常识别分辨。

（3）星间、星地链路让北斗天地一体化

导航星座不仅星座内部需要建立星间链路，还可能经常与高价值的飞行器、其他卫星星座建立星间链路，并可能与地面建立高速的星地链路，形成星地、星间链路构成的天地一体化综合系统。

MEO 卫星约 70%的弧段对我国本土是不可视的，境内地面站无法对卫星直接进行实时观测和监控。有了星间链路——可形成一个以卫星作为交换节点的空间网络，地面站只要对 1 颗北斗卫星发送指令，相关指令便可通过星间链路传递到所有卫星，从而实现对所有组网卫星的不间断管理。这样对于地面站无法直接观测到的境外卫星，通过北斗星间链路，同样能和它们取得联

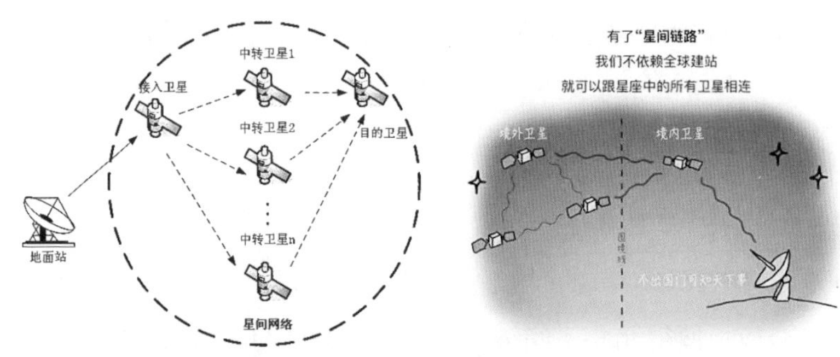

图 3-9　境内—境外一星通，星星通

系，对其下达各种操作命令或是收到它传来的各类数据。由于北斗卫星星间链路组成了一个全网络，实际操作过程中可任选卫星中转进行信息交流，可谓“条条大路通罗马”。

有了星间链路，北斗系统国内建站便可实现全球运行和服务，这种方式相对传统全球卫星导航系统需要建立分布在全球范围的地面站模式更加高效，是北斗系统的首创。

星间链路将在轨运行的北斗三号卫星连成一张大网，实现北斗“兄弟”们手拉手、心相通，相互间可以传递信息、测距，这

图 3-10　北斗星座自主运行漫画图

不仅减小了地面站规模、减轻了地面管理维护压力，而且还使北斗卫星导航系统定位精度大幅提高。凭借这一“绝活”，北斗系统依靠国内站就可完成全球星座的运行控制，服务能力一流。

星间链路使用过程中有两个制胜法宝，即精确对表和精密定轨，两个法宝可提升卫星的时间和空间精度，进而提升用户的时空精度。即使在长时间得不到地面站支持，甚至是地面站全部失效的极端情况下，星间链路支持卫星在一段时间内仍可获取星间距离观测量和星间相对钟差观测量，通过数据交换以及星载处理器滤波处理，不断修正地面站注入的卫星长期预报星历及时钟参数，并自主生成导航电文，满足用户高精度导航定位应用需求，这便是北斗星座自主运行。

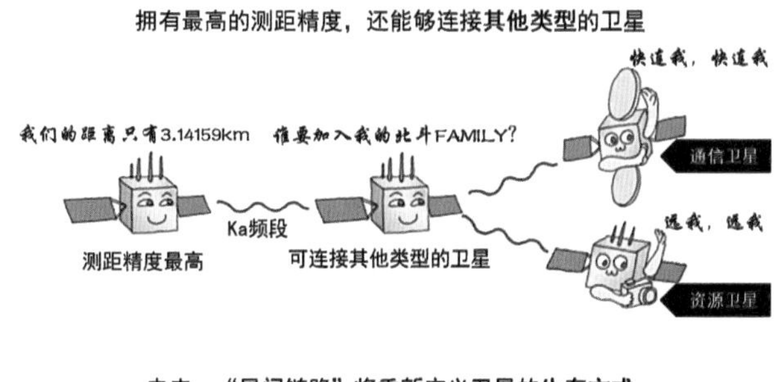

图 3-11　星间链路发展展望

（4）卫星导航星间链路未来发展

卫星导航系统星间链路的迅速发展，不仅提升了系统的服务能力，如导航星座精密定轨和时间同步、提升导航服务精度和完好性、保障系统运行和控制等，还能增强卫星导航系统的扩展服务能力。建设有星间链路支持的导航星座已经成为世界卫星导航系统的重要发展方向之一，各系统都在发展或升级换代星间链路。例如，GPS在现有星间链路基础上，进一步升级能力，在具备自主运行能力的同时，降低对海外站的依赖，实现仅依赖国内站情况下对星座的实时监控和全网操作；新一代格洛纳斯-K2卫星将增加激光星间链路；伽利略系统也计划在下一代卫星上配置星间链路，实现一个地面站维持星座运行。

未来，北斗系统还将通过星间链路不断提升服务性能、拓展服务功能，同时考虑与通信卫星、遥感卫星、深空探测器等各类航天器建立星间链路，实现中国天网一家亲，真正构建成天地一体化综合网络。

天地组网

从双星定位到全球组网，从区域有源到全球无源，北斗系统实力“圈粉”。小北作为“粉丝”中的一员，对北斗系统背后蕴含的知识也产生了浓厚的兴趣。

北斗系统由空间段、地面段和用户段三部分组成。

空间段。北斗系统空间段由若干地球静止轨道卫星、倾斜地球同步轨道卫星和中圆地球轨道卫星三种轨道卫星组成混合导航星座。

地面段。北斗系统地面段由运控系统、测控系统、星间链路运行管理系统，以及国际搜救、短报文通信、星基增强和地基增强等多种服务平台组成。

用户段。北斗系统用户段包括北斗兼容其他卫星导航系统的芯片、模块、天线等基础产品，以及终端产品、应用系统与应用服务等。

第一节

空间段

北斗系统空间段主要是30颗中高轨卫星构成的混合星座。在前面的学习中，小北已充分了解了北斗卫星及混合星座的知识及发展脉络。几十颗卫星编织而成的“太空星网”，不停地向地球发送导航信号，时刻帮助地球上那些需要定位导航的人们。这些信号也是整个卫星导航系统中唯一同时在空中、地面和用户之间建立联系的核心纽带。

北斗信号远在天边，北斗应用却近在眼前。北斗卫星远在几万公里外，导航信号是怎么传达到地面，应用于生活的方方面面的呢？

这就要从导航信号的结构特性，以及北斗导航信号的兼容发展之路娓娓道来。

导航信号可以通过幅度、频率和相位变化传递时间和电文等不同信息，是运载消息的载体工具。卫星导航系统地面段与空间段间有上、下行链路，如果将地面控制段比作整个卫星导航系统的大脑，那么大脑指挥着上行链路这只“妙手”，主要完成卫星数据的注入、注入站与可视卫星之间星地时间同步的上行测距功能，即地面段通过上行链路将各种指令信号发送至空间段卫星。北斗卫星导航系统选用L频段作为主用模式，用于地面运控系统上注卫星导航电文、实现星地双向时频同步，利用星间链路实现全网信息分发；地面站通过 S 频段信号向导航卫星发送遥控指令，控制和调整卫星的状态；下行链路又是卫星面向用户的唯一接口，是信息的传输纽带，卫星通过下行链路将载有卫星轨道参数、各类服务信息等数据的信号发回地面与用户段。

正如前面所说，卫星导航信号是卫星导航系统中唯一同时在空间段、地面段和用户段之间建立联系的核心纽带。信号的体制是系统设计与升级过程中必须考虑的重要因素，决定卫星导航系统的先天性能。为改善卫星导航系统服务性能，既要设计优良的信号体制，又要同时考虑到系统间兼容和互操作，实现“中国的北斗，一流的北斗，世界的北斗”。

北斗一号、二号系统建成后，运行连续稳定可靠，北斗系统已成为国家核心基础设施，催生了年产值数千亿元的战略新兴产业，带动了相关领域科技创新和技术进步，取得了巨大的经济和社会效益。导航信号体制专利产权等直接关系到卫星、接收机等核心技术和芯片的自主可控和产业全球发展。2007 年前，北斗系统论证伊始，我国绝大部分的导航终端还都要依赖国外芯片。如果北斗全球系统建成后，信号体制等核心专利依然由国外掌控，这将关系着北斗产业链核心器件和产品研发，制约北斗产业推广及整体发展。

2013 年，英国和美国宣布对与全球定位系统（GPS）相关的知识产权达成共识，是源于英、美两国之间长达 1 年半的专利纠纷。英国国防部分别在 2003 年和 2006 年提交两组关于卫星定位信号发送的专利，并随后在包括美国和中国在内的全球近20个国家分别申请专利进行保护，专利申请人（专利权人）则为英国国防部部长，英国国防部就二进制偏移载波（BOC）调制技术在全球共计申请了43项专利。其中一项专利名称为“信号、系统、方法及装置”，专利实质涉及投入使用的第三代GPS民用信号［涉及时分复合二进制偏移载波（TMBOC）技术］以及计划用于伽利略开放服务的信号［涉及混合二进制偏移载波（CBOC）技术］。

根据美国法律规定，英国国防部部长享有向所有在美国使用GPS民用信号和伽利略开放服务信号的接收机、芯片制造商和信号应用商收取专利使用费或者禁止其使用相关专利的权利。目标直指美国GPS卫星制造商洛玛公司，以及诸多美国的接收机、芯片制造商和信号应用商，声称对方专利侵权，迫使向其支付专利许可费，由此引发英、美两国之间卫星导航领域专利纠纷。

北斗系统由于起步较晚，相对于美国的GPS、欧盟的伽利略以及俄罗斯的格洛纳斯系统，在知识产权布局和保护上有较大差距。在北斗二号用户中，单频用户数量最大，广泛应用于大众消费领域，主用B1I信号；双频用户包括精细农业、形变监测、地理信息等领域，存在B1I/B2I和B1I/B3I组合使用模式；三频用户数量有限，主要应用于测绘领域，使用B1I/B2I/B3I。北斗二号用户使用规模已上亿，相关信号已进入国际民航（ICAO）、国际海事（IMO）、移动通信（3GPP）等国际组织标准架构。

以移动通信5G应用专利问题为例，高通公司占据着的LDPC码等专利技术，因为LDPC码是高通的主要研究方向，拥有最多的专利技术和研究成果。根据高通披露的5G专利授权收费标准：全球范围内只使用高通移动网络核心专利的5G手机每台收取专利费，以每台手机售价为基准，单模5G手机收取2.275%，多模5G手机（3G/4G/5G）收取3.25%。同时使用高通核心专利和非核心专利的，单模5G手机收取4%的专利费，多模5G手机收取5%的专利费。也就是说，部分没有5G核心专利的中国手机厂商要把几亿部手机卖价的5%直接交给高通。同样，北斗信号体制专利问题成为北斗运行和应用不可回避的核心问题，不妥善处理专利问题，将会产生海量的专利费用，严重影响北斗系统应用和产业发展。

中国的北斗，需要自主知识产权的信号设计。随着北斗系统应用产业的不断发展，北斗信号体制设计随着北斗“三步走”战略，也在不断地演进创新。北斗全球系统设计论证在满足有限的频率轨位、卫星资源约束等基本要求的情况下，同时需兼顾考虑信号高性能、兼容和互操作以及各类用户多方面需求，信号设计工作挑战巨大。北斗全球系统信号设计团队，通过新信号调制、优选新扩频码、多路复用、新型编码和新型电文设计等技术，既有效满足了全球系统用户需求，也实现了自主知识产权。

世界的北斗，需要与其他系统兼容并用。北斗系统能够给全球提供优质的定位导航授时服务，用户在全球任一地点均能接收到较好的信号。因此，信号设计不但要求高精度，而且要满足国际电联相关电磁兼容规定等，还要实现与其他

GNSS 系统互操作，满足全球应用推广需求。北斗全球系统信号在保留原有区域系统基本信号的基础上，在 1575.42MHz 与 1176.45MHz 新增 B1C MBOC 和 B2a BPSK（10）信号，具有与其他系统相当的优异性能。北斗全球系统积极与其他 GNSS 系统开展国际合作与双边协商，以实现良好的兼容与互操作。

一流的北斗，不断提升系统性能。北斗全球系统信号以“一流的北斗”为目标，总结吸收通信和电子信息领域发展新技术，借鉴 GNSS 信号设计理论创新成果，进一步提升测距精度、抗干扰性、抗多径及灵敏度、可扩展性等能力。北斗全球系统信号在载波频率、工作带宽、扩频码、调制方式、多路复用、电文编码和电文设计等进行了全面的优化设计，新增信号带宽更宽、测距精度更高。同时，均采用了导频与数据通道分离以提高弱信号接收灵敏度，优选扩频码相关性能更好，采用多进制 LDPC 信道编码及交织等技术，提升弱信号解调性能，优化电文编排与结构设计更为灵活。

一流的北斗，致力于提供多样化服务。北斗全球系统不但提供基本的导航定位授时服务，还可以提供更为多样化、特色化的服务，满足不同类型用户高精度、高完好、搜索救援、位置报告等多样化需求，提升用户体验和国际竞争力。北斗全球系统信号在 B2 频点尤其是 B2b 支路，根据不同轨道卫星服务范围，充分利用有限的频率资源和卫星轨位资源，设计了 PPP 等服务，满足多样化服务需求。

一流的北斗，要实现服务平稳接续。北斗二号系统建成后，逐步在交通运输、渔业、搜救、公共安全等各领域取得了较为广泛的应用，用户规模上亿，绝大多数以单频和双频应用为主。在北斗信号演进过程中，既要避免系统服务中断，影响用户信心；又要增加新信号，尽快形成高质量的全球服务能力。在有限的卫星资源、频率资源、信号设计专利等约束下，如何实现新老信号同频调制、正常工作，尽量降低互扰造成的性能损失，实现新老信号平稳接续是北斗全球系统面临的巨大挑战。通过一系列的自主知识产权信号体制设计以及相应的专利部署，北斗系统形成了独具特色、性能先进、国际兼容、平稳过渡的信号体制，并取得一系列自主创新成果和多项国内外发明专利。

第二节

地面段

小北从导航系统的构成了解到，卫星导航系统要完成定位、导航和授时服务，离不开地面系统的支持，需要地面运控系统对卫星星座进行监视、控制和数据综合处理。具体来说，是对卫星状态进行实时监控，对服务所需的卫星星历和钟差等导航电文参数进行预报，并定期对卫星电文参数进行注入更新，以保证服务的正常运行，这些都是地面运控系统负责的。卫星导航系统的地面运控系统通常由1—2个主控站、多个注入站、数十个监测站和数万台设备组成。

北斗卫星导航系统地面段，同样由主控站、上行注入站和监测站三部分组成。主控站是地面控制部分的中心，也是整个北斗卫星导航系统的中心，具有监控卫星星座、维持时间基准、更新导航电文等功能。上行注入站的功能是把由主控站发布的信息和指令注入各个卫星中去。这些信息和指令包含卫星轨道位置、星上时钟校正信息、广域差分信息等重要内容。① 监测站的功能是对卫星进行监测，保持连续跟踪卫星的轨道位置和系统时间，完成数据采集，并汇总卫星、气象等信息后传给主

① 杨长风、陈谷仓、郑恒等：《北斗卫星导航系统智能运行维护与实践》，中国宇航出版社2020年版。

控站处理。

2022 年 11 月，国务院新闻办公室发布了《新时代的中国北斗》白皮书，明确指出北斗地面段在全球卫星导航系统传统地面段设施基础上增加了星间链路运行管理系统，以及国际搜救、短报文通信、星基增强等各类北斗特色服务平台，北斗系统地面段名副其实做到创新引领。

第三节

用户段

用户段包括北斗兼容其他卫星导航系统的芯片、模块、天线等基础产品，以及终端产品、应用系统与应用服务等。

常见的终端设备有手机内的定位芯片、手持接收机、车载接收机、船载接收机和机载接收机，以及用于科研和生产的专用北斗接收机等。通过终端设备接收到卫星信号，并进行解算，能获取用户的位置、速度、时间。根据北斗系统兼容性的建设原则，所有北斗用户终端设备均能很好地与其他全球卫星导航系统进行兼容。

北斗模块作为接收机，接收卫星发来的信号，从中解调并解译出卫星轨道参数和时间信息等，同时测出导航参数（距离、距离差和距离变化率等），再由处理器算出用户的位置坐标（二维坐标或三维坐标）和速度矢量分量。

北斗卫星导航芯片、模块、天线、板卡等基础产品，是北斗系统应用的基础。通过举国之力集智攻关，我国实现了卫星导航基础产品的自主可控，形成了完整的产业链，逐步应用到国民经济和社会发展的各个领域。

伴随着互联网、大数据、云计算、物联网等技术的发展，北斗基础产品的嵌入式、融合性应用逐步加强，产生了显著的融合效应。

肆

托举北斗的神器

每次北斗卫星成功发射，小北总会听到新闻播报里传来“某年某月某日某时某分，我国在西昌卫星发射中心用某运载火箭，成功发射几颗 / 第几颗北斗导航卫星”这样让人振奋的消息。卫星升空离不开发射场与火箭，西昌卫星发射中心、长征三号甲系列运载火箭，两者完美结合，将一颗颗北斗卫星成功送入预定轨道，织就太空星网，让太空星光愈加璀璨。可以说，火箭和发射场是托举北斗的神器。

第一节 北斗专列——火箭

小北曾有幸前往西昌卫星发射场亲眼观看北斗卫星发射现场，随着震撼的轰鸣声，火箭美丽的身影刺破苍穹，这辉煌的时刻、激动人心的瞬间让小北终生难忘！

运载北斗卫星的庞然大物正是素有“金牌火箭”美誉的长征三号甲系列火箭。自 2000 年 10 月 31 日长三甲系列火箭发射我国第一颗北斗导航试验卫星，至 2022 年 6 月 23 日发射最后一颗北斗三号组网卫星，历经 44 次发射，长三甲系列火箭将 55 颗北斗导航卫星及 4 颗北斗导航试验卫星全部送入预定轨道，发射成功率达到了 100%。长三甲系列火箭承担了我国北斗导航工程全部发射任务。

自 2000 年 1 月至 2020 年 12 月，长三甲系列火箭共执行了 107 次发射任务。而这上百次任务中，北斗卫星任务占总任务的 40%以上，高密度发射中，北斗卫星发射任务占 30%—40%，特别是 2018 年北斗三号密集组网发射时占到总任务的 70%以上，因此长三甲系列火箭被称为北斗组网工程的“专属列车”。

（1）“北斗专列”有哪些

长征三号甲系列运载火箭的研制始于 20 世纪 80 年代，是三级液体推进剂中型运载火箭，主要用于标准地球同步转移轨道发射，也可以用于超同步转移轨道或低倾角同步转移轨道发射，以及深空探测器发射。可靠性设计不断的技术创新与工程应用，使其成为国内首个实现系列化、通用化、组合化的火箭，是我国航天领域的一项重大技术创新成果。作为火箭家族中的“劳模”，长征三号甲系列火箭包揽了我国绝大多数高轨道航天器发射任务，是长征系列运载火箭高强密度发射的“主力”，也是我国目前高轨道上发射次数最多、成功率最高的火箭系列。

长征三号甲系列运载火箭由长征三号甲、长征三号乙、长征三号丙（简称“长三甲、长三乙、长三丙火箭”）三种大型低温液体运载火箭组成，可以根据不同任务的需求来选择哪种构型火箭执行任务。长三甲系列火箭入轨精度高、适应能力强，发射卫星的入轨精度达到世界一流水平，可以一箭单星也可以一箭多星发射，可用于不同转移轨道发射，运载能力满足我国绝大多数卫星的发射需求。

考虑到长三甲系列火箭的种种优势，再结合北斗系统的特点需求，小北明白了为何长三甲系列火箭能入选北斗专列。

（2）长三甲“三兄弟”

从长三甲到长三乙，再到长三丙，以长三甲火箭为基本型的发展模式，按照“上改下捆、先改后捆”的技术途径实施，研制出整个长三甲系列火箭，研制过程体现了模块化、组合化与整体优化等先进设计理念。

在长征三号火箭的基础上采用重新设计第三级形成的大型

三级低温液体火箭，便是长三甲火箭，全长 52.52 米，一、二子级直径 3.35 米，三子级直径 3.0 米；在长三甲火箭的芯一级捆绑 4 个 2.25 米的助推器，就派生出了长三乙火箭，它全长 56.5 米；在长三甲火箭的基础上捆绑 2 个 2.25 米助推器，又组合成长三丙火箭。

1994 年 2 月 8 日成功首飞的长三甲火箭，标准地球同步转移轨道运载能力达 2.6 吨，研发过程中突破上百项新技术，主要负责发射鑫诺一号卫星、北斗一号卫星、北斗二号的倾斜地球同步轨道卫星和风云二号气象卫星等。2000 年 10 月 31 日，长三甲火箭成功发射首颗北斗导航试验卫星，揭开我国独立建设卫星导航试验网络的序章；2003 年 5 月 25 日，长三甲火箭成功发射第三颗北斗导航试验卫星，“金牌火箭”为抗击非典疫情增添了信心；2007 年 4 月 14 日，长三甲火箭成功将北斗二号第一颗卫星送入太空，拉开我国卫星导航区域组网的序幕。自 2000 年首次执行北斗导航工程发射任务以来，长三甲火箭执行了 12 次北斗导航工程发射任务，成功将 4 颗北斗试验卫星和 8 颗北斗导航卫星送入太空。

1996 年 2 月 15 日首飞的长三乙火箭，标准地球同步转移轨道发射能力达到 5.5 吨，是长三甲系列火箭中运载能力最大的一型火箭。作为长三甲系列火箭的主力火箭，长三乙是“三兄弟”中发射次数最多的火箭，主要发射高轨通信卫星、商业通信卫星、北斗二号的中高地球轨道卫星、北斗三号卫星和风云四号气象卫星等。自 2012 年首次执行北斗导航工程发射任务以来，长三乙火箭共进行了 22 次北斗有关发射，成功将 37 颗北斗导航卫星送入轨道。

2008 年 4 月 25 日首飞的长三丙火箭，标准地球同步转移轨道发射能力达到 3.7 吨，由长三乙火箭去掉 1、3 助推器而来，是中国独一无二的非全对称火箭，标志着中国突破了非全对称火箭设计技术，使得中国高轨任务运载能力分布更加合理，实现了长三甲系列火箭真正的系列化、组合化。长三丙火箭主要发射了天链一号、北斗二号等相关卫星，以及嫦娥二号探测器。自 2009 年首次执行北斗导航工程发射任务以来，长三丙火箭共进行了 10 次北斗卫星发射，成功将 10 颗北斗导航卫星送入太空。

（3）“北斗专列”升级史

长三甲系列火箭伴随了北斗系统建设发展的每一步，火箭的创新与北斗系统的发展相辅相成。为满足北斗组网的不同阶段要求，长三甲系列火箭开展了大量的技术创新工作，适应性、发射可靠性、安全性均获得了有效提高。

刚接到北斗卫星发射任务时，当时的长三甲系列火箭仅具备地球静止轨道卫星发射能力，而北斗二号、北斗三号系统要求一型火箭多轨道面组网发射，这意味着火箭需要具备高、中轨道高度，东、南射向多方向的发射能力。科研人员开展了以发射地球同步转移轨道、中圆轨道等轨道设计技术为代表的攻关研制，用东南射向进行轨道设计，满足了工程对火箭运载能力和卫星轨道部署的双向需求。

为更好地服务于北斗二号系统卫星发射，长三乙火箭按照集中控制、统一管理、信息共享的一体化设计目标，将以往的近距离测发控方式升级为测发控方案，通过总体网络加强对分系统的控制和管理，依托遥测实时处理和分发技术，实现了全箭遥测数据射前实时监测。

北斗三号卫星的高密度发射，对火箭生产能力也提出了更高要求。以往火箭的生产需要单件定制，根据任务的需求，每次任务研制一发火箭。为满足高密度发射需求，研制队伍对火箭的研制生产模式进行了改进，提出了组批生产的生产管理模式，通过模块化、通用化、去任务化的方式来设计生产火箭。将火箭研制分成两部分，像卫星支架、整流罩和飞行软件等与卫星有关联的部分，需根据任务来定制，但对于箭上技术状态一致的其他产品，则提前在流水线上进行批量化生产，这大大提高了火箭的生产效率，也提升了火箭对任务的适应性。

为适应高密度发射需求，长三甲系列火箭还进行了流程优化，发射场工作周期缩减到了之前的 1/3，并实现了发射前 1 小时塔上和前端无人值守。

（4）北斗卫星“太空摆渡车”

卫星发射升空正式在轨运行前，先是被火箭发射至转移轨道，再进入工作轨道，以往都是依靠卫星自身的变轨能力从转移轨道进入工作轨道，耗时长达 5 天之久。北斗三号卫星快速组网，时间紧、任务重，要求北斗工程必须在卫星部署能力上取得突破。为实现高密度多轨道发射，火箭系统研发人员凭借深厚的技术底蕴和创新务实的技术设计思路，提出了依托上面级直接入轨的方案。

上面级，专业名称为“轨道转移飞行器”，是一种具有自主独立性的航天运输飞行器，可将有效载荷（如卫星）从某个转移轨道，送入预定工作轨道或预定空间位置。就像为卫星在转移轨道与工作轨道之间搭起“独木桥”，上面级打通了卫星入轨的“最后一公里”，被形象地称为“太空摆渡车”。上面级实现了全程自主以及高精度导航、制导、控制，突破了适应高层空间辐射、微重力环境等一系列关键技术，提升了可靠性和飞行水平。

远征一号“上面级”是基本型的“上面级”，它的成功研制，改变了上面级与火箭原有固定、单一的组合状态，创造了灵活、多样的组合模式，极大程度挖掘了火箭的搭载潜力，大大提升了我国火箭满足不同用户需要的适应性。

采用远征一号上面级“一箭双星”直接入轨发射，是北斗三号卫星工程的主要发射方式。在北斗三号组网发射中，远征一号上面级圆满完成了多次发射任务，将多颗中圆轨道卫星准确送入预定轨道，为北斗全球组网任务的快速完成奠定了坚实基础。

在北斗系统发展的二十多年里，长征三号甲系列运载火箭也取得了一系列关键技术突破，不同轨道运载能力不断提高，从最初的一箭一星发射北斗一号 GEO 卫星，到后来一箭双星发射北斗三号 GEO 卫星，再到一箭双星搭配上面级发射北斗三号 MEO 卫星，20 年里 100%的成功率创造了世界航天奇迹。

第二节

北斗母港——发射场

在去现场观看北斗卫星发射前，小北就曾对西昌卫星发射场进行过初步了解。

西昌卫星发射中心，又称“西昌卫星城”，位于四川省境内，组建于 1970 年，是我国三大航天发射中心之一，总部设在四川省凉山州西昌市，发射场位于四川省冕宁县泽远镇封家湾。

西昌处于低纬度、高海拔区域，此处发射倾角好，地空距离短，既可充分利用地球自转的离心力，又可缩短地面到卫星轨道的距离，从而增加火箭的有效负荷；发射场所在的峡谷地形好，地质结构坚实，有利于发射场总体布局，对地面发射设施、技术设备及跟踪测量、通信布网有利，可满足多个发射场建设需求；当地气候适宜，年平均气温 18 摄氏度，是全国气候变化最小的地区之一，日照多达 320 天，几乎没有雾天，晴好天气多，试验周期和允许发射的时间较多。得益于这些得天独厚的地理环境优势，西昌成为“天然发射场”。

西昌自古以“月城”的美称闻名海内，而今，又以发射人造地球卫星服务人类而声震寰宇。50 年来，一代代航天人在这片长征路上的“彝海结盟”之地，建造起一座享誉世界的现代化航天城，为祖国航天事业的腾飞架起“通天梯”。20 余年来，北斗卫星全部在此发射升空。

进入西昌发射场，入目所及的便是两个高耸的发射塔架（2号发射塔和3号发射塔），其相关的卫星发射测试、指挥控制、跟踪测量、通信、气象、勤务保障等六大系统分散在峡谷之中。发射场区不远的山坳里，一幢幢乳白色的高大建筑，是发射前卫星和火箭进行装配、加注和测试的地方。

3号发射塔于1978年底竣工，1984年1月29日首发长征三号遥一火箭。为满足“嫦娥一号”发射需要，曾于2007年重建。目前固定塔架高77米，塔上有11层可作180度水平旋转的工作平台，主要用于发射长征三号甲火箭（也可发射长征二号丙、长征二号丁运载火箭等）。长征火箭、北斗卫星从综合技术准备区转到发射塔架后，在这里完成起竖对接和垂直测试，并实施发射。3号发射塔被航天人誉为“功勋塔”。

2号发射塔于1990年投入使用，是目前我国独一无二的双塔架结构发射塔，由70余米高的固定塔架和90余米高的活动塔架两部分共同组成。早期2号发射塔用于发射长征系列甲运载火箭，目前主要用于发射长征三号乙、长征三号丙运载火箭。在过去的30年里，顶“风云”、托“嫦娥”、铸“天链”、举“北斗”，2号发射塔成为我国目前执行发射任务数量最多的一座火箭发射塔架。

就如西昌卫星发射中心的质量文化标语所说，“颗颗螺钉连着航天事业，小小按钮维系民族尊严”。每一次火箭腾飞的背后，都凝聚着发射场大量细致的工作，从塔上电缆连接、测控天线架设、操作地点选择再到发射流程口令确定等，操作手和科技工作人员均要经过反复试验、确认、演练，一次星箭检查测试的所有数据图，比火箭还要长。

自2017年11月起，西昌卫星发射中心连续发射20次北斗卫星，成功将30颗北斗三号组网卫星和2颗北斗二号备份卫星顺利送入预定轨道，成功率100%，刷新了世界卫星导航系统组网速度纪录。西昌卫星发射中心也被誉为“北斗母港”。

发射塔上水、电、气、空调等设施完善，由于北斗卫星对温湿度和洁净度的要求极高，卫星上塔后位于发射塔架内部的大封闭区。在这里进行北斗卫星和长征火箭的操作和相关工作时，需要全封闭作业，除了将所有空隙封闭严实，控制室温在20摄氏度、湿度40%左右，洁净度达到相当于医院无菌手术室的10万级净化要求外，还要在地面铺上防静电材质，以求万无一失。

在长征火箭发射前，活动塔开始以每分钟10米的速度撤离至120米外的停放位置。随后由固定塔完成对火箭的低温加注和发射前的测试工作。固定塔有10根电缆摆杆怀抱着火箭，这些摆杆被形象地称为“脐带”，除了固定火箭，它们还向火箭源源不断地输送燃料、供气、充电以及调节体温。发射前1小时，固定塔的回转平台开始打开；发射倒计时的时候，摆杆也随之打开。火箭最下方的绿色圆形平台就是火箭的发射台，可以进行旋转调整，来控制火箭发射的精确度。在点火的那一瞬间，平台自动旋转和火箭分离，固定火箭的螺栓也随即启爆，火箭喷出熊熊烈焰拔地而起。

在北斗工程的牵引下，伴随着北斗高密度组网发射，西昌卫星发射中心与北斗共同成长，如今中心综合测试发射能力相比20年前提高了4—5倍，成为享誉中外的“中国航天城”“东方休斯敦”，充满现代科技魅力。

北斗重器的“中国芯”

这些年，小北经常从新闻中听到国外对中国采取某某技术封锁，从基础器件到芯片技术，只要是中国发展比较好的行业，很快就会传来相关技术被封锁的消息。小北在父母的影响下，一直懂得“靠别人不如靠自己”的道理，尽管我们在一些技术领域与国际先进水平还存在差距，但不甘落后的中国人从未停止过自己的步伐，北斗系统亦如此。北斗三号在建设之初制定目标时便明确了关键器部件100%国产化的总要求。这个近乎苛刻的要求，虽然让北斗系统的研制之路变得更加艰辛，却让如今北斗系统的建设和应用之路变得更加安心。每每看到我国北斗突破了某某技术，摆脱了国外出口限制时，小北总是内心充满激动与自豪。

第一节
星上核心元器件和单机100%自主可控

(1) 元器件国产化研制

元器件是构成卫星的“细胞”，是卫星研制和生产的物质基础和前提条件，也是决定整个宇航产业发展水平高低的基石，是确保卫星质量和可靠性的关键。北斗三号工程建设之初即明确提出了“关键器部件100%国产化”的总要求[①]，将自主可控作为工程全线必须实现的目标。在北斗系统的牵引和培育下，国内元器件生产厂家不断提升技术能力和工艺水平，形成了全国大协作的局面，催生了一大批宇航核心元器件的国产化研制攻关、应用验证与在轨飞行。目前，北斗卫星导航系统已实现星上核心器部件百分百国产化，走出了一条具有中国特色的重大工程自主可控发展之路。

“兵马未动，粮草先行”，为了保证北斗重大工程战役的胜利，必须解决元器件“粮草”受制于人的问题。为此在工程启动初期，北斗卫星、运载火箭就梳理明确了几百项国产化元器件研

① 中国科学技术馆：《北斗芯片都是“中国芯”！》，2020年10月17日，见https://baijiahao.baidu.com/s?id=1680795091632208760&wfr=spider&for=pc。

制需求，并安排了集智攻关。经北斗工程全线的共同努力，突破了包括卫星处理器、存储器、FPGA（现场可编程逻辑阵列）等核心芯片在内的多项元器件关键技术，创建了自主可控工作体系和技术体系，全面替代了进口产品，在北斗卫星和运载火箭上实现了规模化使用。

如果把卫星比作人体，卫星电子系统就好比控制、管理人体活动的“大脑”，而电子系统的核心是处理器、存储器、FPGA等元器件芯片。为了给北斗三号卫星打造“最强大脑”，让“中国芯”在太空闪耀，必须自主研发高性能的处理器、存储器、FPGA 和高效率的操作系统。一个处理器、存储器、FPGA，上面集结了几百亿个晶体管，这是一个极其复杂的系统，要把它做好，需要精细的设计。北斗团队“十年磨一剑”，突破了系统设计、仿真与验证、多核 SoC（片上系统或称系统级芯片）设计、星载 IP 复用及集成、高可靠实时操作系统等，开发了各种芯片设计单元库，构建了验证平台，成功完成处理器、存储器、FPGA、专用电路等各类产品数百款，基本构建了航天电子芯片产品谱系。芯片的性能是北斗二号使用的进口芯片的几十倍，与当前国际最高水平相当，操作系统较民用的 Windows、iOS 等更适合星载应用场景，可同时管理上百项任务。北斗卫星使用的处理器芯片具有强大的运算性能，在有高性能运算需求的导航任务处理、星间链路管理、导航卫星信息融合和处理、高性能控制器中具有广泛的应用前景。

另外，处理器、存储器、FPGA 等半导体元器件在卫星上使用与地面存在较大差异。卫星运行的宇宙空间环境中，存在多种高能带电粒子，这些粒子由太阳高能粒子、银河宇宙线等辐射源产生，入射到卫星电子系统中的半导体元器件后，会在其内部产生各种电离辐射效应，造成元器件出现功能故障甚至烧毁，影响卫星稳定可靠的运行服务，对于需要全天时、全天候提供定位导航服务的北斗卫星来说，抵抗空间环境影响会显得更加重要。因此，半导体元器件要“抗辐射加固”后，才能在太空工作。以往的卫星中，可以给这些元器件穿上厚厚的“外衣”，但这将使单机和卫星重量大幅增加，造成巨大投入，因此如何低成本解决元器件“抗辐射加固”问题成为北斗系统必须攻克的难题。为此，北斗团队提出采用低成本的“设计加固”思路，即在设计环节而非制造环节解决抗辐射加固，通过软硬协同设计，北斗团队摘取了“王冠上的钻石”，完成了包括处理器、存储器、FPGA 等核心“中国芯”技术和产品攻关，并通过了模拟太空辐射环境的试验验证与评估。

以这些“中国芯”为主，北斗卫星建立了复杂大脑，也标志着我国掌握了导航卫星电子系统最核心的技术。如今，北斗卫星上的 CPU、程序存储器、数据存储器、DSP、FPGA 等均为国产研制和生产，“中国芯”在轨表现出色，实现了北斗系统核心元器件国产化率 100%的工程目标，对航天工程的自主可控和创新发展具有里程碑式意义。

（2）元器件应用验证

元器件国产化攻关研制完成后，要想拿到“合格证”并在卫星上使用，必须经过应用验证。所谓应用验证，是指新研元器件应用在卫星前开展的一系列试验、评估和综合评价工作，以确定元器件研制成熟度和在宇航工程中应用适用度，并综合分析评价得出其可用度。应用验证搭建了宇航元器件研制和应用之间的桥梁，是衔接国产元器件从设计到应用的重要一环，通过建立元器件实际使用环境和应用场景，增加元器件测试的覆盖率，提高元器件的可靠性，对于促进我国宇航元器件的自主研制、提升自主创新和自主保障能力具有重要的战略意义。①

北斗系统在国产元器件应用验证中，共设计开发了百余套装置，进行元器件极限测试、性能评估、寿命考核等各类试验数十万小时，积累了大量数据和曲线支持元器件的上星使用。此外，北斗团队还搭建了国产元器件应用验证系统，建立了科学有效的仿真验证方法和手段，形成了一整套比国外更加严格的标准方法。事实证明，磨刀不误砍柴工，元器件国产化应用验证充分考核了各类元器件的使用效果，打通了元器件到单机再到卫星和火箭的应用通道，彻底解决了国产元器件“不敢用”“不好用”“不会用”的问题。在北斗工程的建设发展中，验证合格的元器件陆续在卫星和火箭上批量应用，取得了良好的效果，目前这些元器件在轨工作稳定，性能优越。

（3）部组件研制

北斗卫星是复杂的航天系统工程，卫星中既有各种导航信号播发通道，又有完成多种信息处理、信息存储、信息交互的

① 杨元喜主编，杨慧、赵海涛等:《北斗导航卫星可靠性工程》，国防工业出版社 2021 年版。

复杂网络。导航信号播发通道和信息处理交互网络需要通过大功率微波开关、行波管放大器、星载总线网络等各类部组件建立联系，形成一个有机整体。大功率微波开关是多种北斗导航信号在卫星内正确传输和分发的必经之路，充当导航卫星载荷通道“关节”的关键角色；为了能让导航信号经过万公里的空间传输后仍能被地面用户接收解调，必须尽量加大发射功率，而承担这一任务的就是行波管放大器，它可谓是导航信号的“空间放大器”；星载总线网络负责卫星各分系统、单机的信息交互和控制，是卫星信息的“互联中枢”，这些都是北斗导航卫星的关键部组件。我们以大功率微波开关为例，看看北斗系统在部组件研制中的攻关。

北斗卫星上的大功率微波开关使用数量大、类型多，在北斗三号立项之初时，国内航天大功率微波开关主要依赖进口产品，产品单价昂贵，供货周期也很长，并且还经常发生各种质量问题。别看大功率微波开关个头不大，但涉及微波、电磁、力学、热学、材料等多个专业领域，各个领域之间还存在相互耦合关系，产品研制难度大。面对这种受制于人的现状，研制团队秉着自主创新、攻坚克难的精神，参考了国内外相关航天标准 100 多份，学习利用相关设计、工艺制造规范达 50 多份，查阅空间环境试验、可靠性设计资料逾千份。微波开关中，每一种材料、每个工艺环节、每颗螺钉的选择都进行了多次仿真分析和实物试验。设计—试验验证—再设计改进—再试验验证，不断尝试、不怕失败，这就是北斗大功率微波开关研制不断突破的秘诀所在。

在试验验证中，仅“真空微放电”试验就进行了近十次。作为宇航级大功率微波器件的“杀手”，“真空微放电”烧毁的北斗大功率微波开关就达到百余只。面对困难局面，北斗工程组织专项总师、各领域专家一同调查研究、制定措施，给研制单位最大的信任和支持。经过工程全线的共同努力，国内研制单位逐渐掌握了空间大功率微波开关的机理，不断优化尺寸及间隙，突破了材料、结构、工艺、生产过程控制等关键技术，经多次验证，产品性能稳定可靠，之后再也没有出现过微放电故障，走出了一条正向设计、自主创新的技术路线。

通过大功率微波开关、行波管放大器、星载总线网络等部组件研制攻关，北斗形成了国产部组件批产能力，为北斗工程全面国产化自主可控奠定了坚实的基础。另外，北斗工程在实施中注重元器件、部组件与北斗工程的紧密结合，形成了国产器部件攻关研制和北斗工程应用的双融双促。一方面，元器件产品和部组件产品随北斗卫星和火箭的批量化研制加速融入型号应用，极大提高了应用支持能力；另一方面，卫星和火箭的研制测试促进了国产化产品完善，促进了型号设计师积累实际经验，获得具体应用数据，编写发布器部件应用指南，推进了国产化产品不断走向成熟。

作为我国重大航天工程之一，北斗系统在全面推进部组件自主可控的实践中，实现了技术创新、管理创新和体系创新，在以国产星载处理器、大功率微波开关、行波管放大器等为代表的部组件用研结合方面积累了丰硕的成果，发挥了示范带动作用，有力推动了我国航天领域自主可控生态系统构建。

实践证明，北斗系统自主可控工作明显改善了国内宇航元器件和部组件研制、应用的生态环境，航天国产化走向良性发展道路。北斗工程国产化成果已在通信遥感、载人航天、深空探测等其他类型航天器上推广应用，显著提升了我国宇航元器件产业规模、技术能力、产品质量和市场竞争力。

> 北斗三号卫星核心器部件国产化率达到100%，实现了核心技术完全自主可控的历史性跨越，彻底打破了核心器部件长期依赖进口、受制于人的局面，性能卓越的国产北斗导航芯片已经应用于多类型终端，服务于国民经济和社会发展的各个领域。
>
> ——小北的笔记

（4）星载原子钟中国创造的故事

星载原子钟自20世纪70年代美国首次将其应用于卫星，至今已有近50年的研制、使用历史。作为导航卫星的时间和频率基准，星载原子钟性能直接决定了卫星导航系统定位、测距和授时精度，可谓导航卫星的“心脏”。从“九五”关键技术攻关到北斗二号在轨应用再到北斗三号，20多年来，研制团队实现了星载原子钟从无到有、从有到优，北斗卫星也从国产化原子钟与进口原子钟并用到完全独立使用国产化产品。

要实现北斗系统的自主建设、独立运行，最关键的单机就是原子钟，没有独立、自主的原子钟产品，北斗系统终将受制于人，不能实现独立、自主。星载铷原子钟涉及量子力学、原子物理、光学、自动控制、电子学、材料、空间环境等多学科交叉，关键技术多、技术验证周期长、研制难度很大。美国为了保证GPS的领先地位，对星载原子钟实行了严格的禁运和技术封锁。北斗工程初期，为了解决北斗卫星对原子钟的需求，以及改变国内的技术能力现状，采取了一方面从欧洲进口，另一方面国内自研的手段，以小步加快跑的方式，争取实现国产化，打破国外的技术封锁。我国的原子钟真正应用于卫星系统始于北斗二号导航卫星，也是从北斗二号导航卫星开始，我国建立了真正意义上具有自主知识产权的星载时频系统。

当时北斗工程协调了全国最具研发和工程化实力的科研院所，北斗星载原子钟国家队正式组建。通过强强联合，集智攻关，多方案并举，减少研制风险，确保了国产原子钟成功研制并在北斗卫星上应用。2006年9月，我国自主研制的铷钟首次进行了空间搭载，拉开了我国星载原子钟事业大发展的序幕。2007年北斗二号研制出中国自主创新的铷原子钟，通过在轨验证，满足指标要求，打破了国外的垄断。到北斗三号时，作为星载设备，对标国际水平，对原子钟的小型化和集成度方面也提出了越来越高的要求，为此我国自主研发了高精度和甚高精度铷原子钟和氢原子钟，具有更高稳定度、更小漂移率等特点。2015年，国产氢原子钟在北斗三号试验卫星上首次应用验证成功，这比事先预计的星载氢原子钟在轨应用提早了两年，在轨数据表明，氢原子钟在轨表现良好，性能指标优于预期，实现600万年差一秒，指标达到了国际领先水平。

取得硕果的背后是无数北斗科研人员的不懈努力，回想原子钟这项“耗费生命的事业”，北斗人对其中的经历和故事可谓记忆犹新。为了提升星载原子钟的性能，北斗团队将工作细化到每个部组件，经过成百上千次的打磨测试，逐步优化。原子钟参数调试对环境要求严苛，必须在真空罐内进行，一次测试往往就需要耗费十余个小时，因而“起早贪黑”已成为工作常态。面对工作中的问题，北斗人始终本着严谨务实、精益求精的态度，曾为去掉一个可调电容，对单元电路进行了十几轮的设计改进和长达数月的试验验证。2006 年，我国第一台星载铷钟产品搭载验证取得成功，大家来不及庆祝就又要投身到北斗二号首发星的研制任务中，依照国际电联频率资源使用规定，必须在频率申请有效期内发射卫星并传回导航信号才算成功，此时留给星载铷钟的研制时间仅剩 8 个月，看着密密麻麻的任务点，原子钟研制团队毅然选择不分昼夜常驻实验室，保证原子钟实验室内始终有人值守、测试和试验。有时为了获得一个更稳定的数据，需要反复测试，经常不知不觉中时间就过去了，为此，家人和孩子们常戏称：“你们做时钟的人，怎么是最不守时的呢?”正是许多像原子钟研制团队这样的科技工作者的无私奉献，才成就了北斗这份伟大的事业。

星载原子钟为北斗系统提供了高稳定度的时间频率基准信号，作为北斗卫星的“心脏”，它的每一次跳动都直接决定着北斗卫星导航、定位和授时服务性能。十余年来，多个团队共同努力，从打破国外技术封锁到不断设计研发更优性能的国产原子钟，成功为北斗铸造了一颗强大的中国“心”。

——小北的笔记

第二节

纳米时代的应用“中国芯”

小北通过多种媒体了解到在北斗系统诞生前，GPS 应用终端已经基本垄断了卫星导航应用市场。为了打破僵局，借助纳米时代导航终端产品芯片化的升级转折点实现“弯道超车”，北斗卫星导航系统管理部门举全国之力，通过众多科研院所和企业持续的揭榜挂帅与赛马比优，我国北斗导航芯片取得了突破性进展。从“十二五”初期，国内不具备导航芯片生产能力，到现如今国内自主生产的导航芯片已经达到国际先进水平，同时构建起集芯片、模块、板卡、终端和应用系统为一体的北斗完整产业链。“中国芯”在北斗应用推广中发挥了重要的作用。

（1）导航芯片为何物?

小北是个对事物始终保持强烈好奇心的同学，为了了解北斗导航芯片情况，他来到了一家手机维修店，仔细观察已经拆开的华为手机板卡，找到了一片小小的薄薄的东西，它只有 5mm × 5mm 左右大小。在感慨科技如此先进的同时，小北也从网上了解到关于导航芯片的更多知识。导航芯片既可以是射频芯片、基带芯片及微处理器芯片等多个芯片组合成的模块，也可以是多种功能一体化的集成芯片。导航芯片通过接收北斗卫星发射

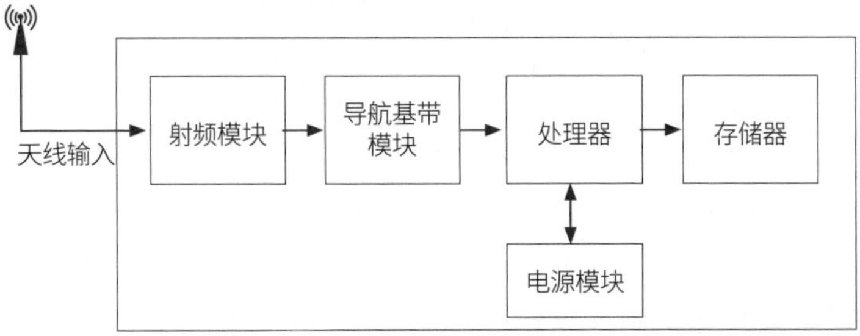

图 3-12 北斗芯片组成图

的信号来完成定位导航的功能，如图 3–12 所示。

射频模块，是导航芯片的眼睛和耳朵，通过预先确定的频率接收或发射信号，目前有单频点、双频点、多频点以及多系统多频点等多种类型，是芯片中成本最大的部分。

基带芯片用来合成即将发射的基带信号，或对接收到的基带信号进行解码。基带算法是影响定位精度的核心因素之一，然而拥有相关算法专利的公司大多为国外企业，从事卫星导航芯片的企业（包括国内北斗芯片厂家）很难绕过这一专利壁垒。

微处理器协助基带芯片参与对信号数据的计算处理，同时实现定时控制、省电控制、通信协议、人机接口等软件应用功能。此外，芯片制造工艺（也称为“制程”）优良与否，决定了芯片体积和功耗的大小。芯片体积越小，意味着集成电路越精细，功耗也越低，同时其制造难度与成本也越高。

在了解导航芯片功能组成的过程中，小北同时发现独立自主芯片的来之不易。在整个北斗产业链中，芯片产业占据产业链上游，是经济附加值最高的基础产品，如果国外企业一直占据市场，那么我国建成北斗系统后形成的巨大市场就会被国外企业赚取大多数的价值和利润。而且，从安全角度来讲，使用国外厂家的芯片很可能存在安全隐患，极大影响整个产业的生态。因此，发展自主导航芯片势在必行。

（2）“中国芯”发展历程及成果

国外导航芯片发展自 20 世纪 90 年代前后，主要是面向 GPS 系统的导航芯片，在 2004 年开始普及。随着俄罗斯格洛纳斯系统、我国北斗系统、欧盟伽利略系统的部署与服务开通，各个导航芯片厂商也纷纷推出能够兼容四大系统的导航芯片。这里要澄清一个问题，能够接收并处理北斗系统信号的导航芯片，不一定是有我国自主产权的导航芯片。

我国卫星导航芯片的研究始于本世纪初，当时主要研究方向是 GPS、GPS+GLONASS 和北斗一号芯片的研究，到 2004 年成功研制 GPS+GLONASS 的相关器芯片和北斗一号的接收板卡。当时的芯片大多停留在学术研究阶段，没有进行产业化推广，产品不具有国际竞争力。在 2007 年以前，我国应用级的导航芯片均由国外企业提供，导航芯片产业呈现出受制于人的局面。

2007 年 4 月，第一颗北斗导航卫星成功发射，标志着我国自主研制的北斗卫星导航系统进入新的发展阶段。随着我国北斗系统建设的逐步推进，中国企业自主研发意识觉醒，开始投入到芯片的研发制造中，产业化也在逐步推进。多家中国企业加入到导航芯片的市场角逐中，依托北斗系统，进行导航芯片的研发与上市销售。但这一时期由于技术水平因素，国内企业相比国外企业存在较大差距，核心技术难以突破，费用过于高昂也是一大难关，95%的市场份额仍被国外厂商占据。

为推动北斗芯片规模化应用，国家在北斗应用推广与产业化的推进中，促进了多型多款芯片、模块、板卡的研发，也推动了百万量级的规模化推广应用。

2017 年，北斗全球系统接口控制文件发布后，国内导航芯片企业开发北斗芯片的热情空前高涨。经过多年的不懈努力，小型化、低功耗、高灵敏度的天线、芯片、模块、板卡等基础产品相继问世，企业不断掌握具有自主知识产权的核心技术①，形成批量生产能力，具有国际先进水平，为北斗行业应用和大众应用提供了优质基础产品。

2019 年 12 月 27 日，北斗三号系统提供全球服务一周年发布会在国务院新闻办公室新闻发布厅召开，中国卫星导航系统管理办公室主任、北斗卫星导航系统新闻发言人冉承其现场展示了支持北斗三号新信号的 22 纳米工艺射频基带一体化导航定位芯片，体积小、功耗低、精度高的 22 纳米芯片，在 2020 年实现了量产。

回顾北斗应用“中国芯”的发展历程，从自主芯片研发工作起步，仅用 5 年时间就研制出第一代芯片模块，性价比与国际同类产品相当，到目前自主研制出覆盖各类消费领域的北斗芯片，总体性能达到甚至优于国际同类产品。三星、华为、小米、联想等手机中，支持北斗的手机型号占比接近百分之百。同时，许多

① 张湘熠、国际、高为广、苏牡丹、王凯：《我国自主导航芯片产业的发展历程研究》，《第十二届中国卫星导航年会论文集——S02 导航与位置服务》，2021 年。

国外主流芯片也均支持北斗。我国推动北斗芯片模块的自主研发，打破国外多项技术壁垒，主流厂家已实现量产，①②彻底扭转了核心芯片和板卡长期依赖进口的局面，掌握了卫星导航产业发展的主动权。

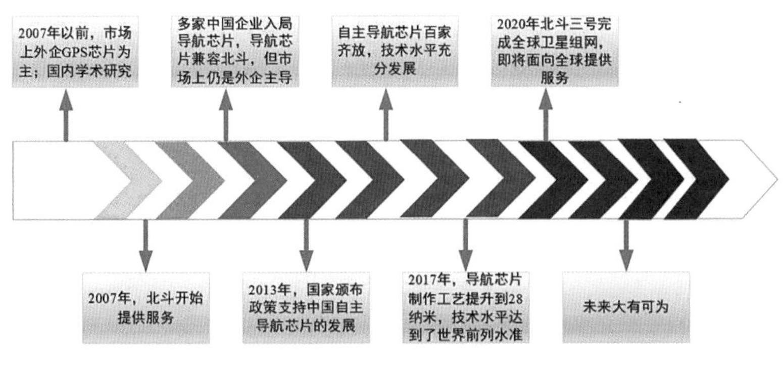

图 3-13 "中国芯"发展历程

历经 10 余年发展，国产北斗芯片等基础产品实现自主可控，完成了从无到有、从有到优的跨越。一是北斗芯片工艺从 130 纳米、90 纳米、55 纳米、40 纳米到 28 纳米、22 纳米……工艺水平不断提高。从 2017 年全球首颗支持新一代北斗三号信号体制的多系统多频高精度 SoC 芯片发布，③到现如今北斗芯片已在物联网和消费电子领域得到广泛应用，已具备市场化、产业化条件；二是

① 北京北斗星通导航技术股份有限公司主页，见 https://www.bdstar.com。

② 广州海格通信集团股份有限公司主页，见 https://www.haige.com。

③ 深圳华大北斗科技股份有限公司主页，见 https://www.allystar.com/ 发展历程。

形态从早期的单基带、单射频芯片，到目前的基带射频一体化，性能不断提升，性价比达到国际先进水平；三是基于自主芯片开发了多系统多频、高精度高性能的板卡和模块系列产品，从架构设计到定位融合算法实现了自主知识产权。

今天，产业界也开展了在全球多个国家和地区的专利布局，这将有助于增强我国芯片产品的国际竞争力。我们的芯片从最初约 2000 元每枚，后来慢慢到几千元、几百元、几十元，如今已经降到几元每枚。

（3）“中国芯”助力北斗推广

北斗系统的建设促进了我国自主导航芯片的发展，同样反过来，导航芯片的发展也能反哺北斗系统的产业链生态建设。

正如前文所述，国外的导航芯片也同样能够支持北斗导航定位系统，但是我们要知道一个事实，商品是有所属国家的，国外企业优先支持其本国的导航系统，即美国企业的导航芯片会首选美国 GPS 系统，欧洲企业会首选伽利略系统。因此，北斗系统在国外企业的导航芯片中就成了一个备胎，只有在一些其他导航系统都不能用的前提下才会尝试使用。这就变相提高了北斗系统的用户门槛，给北斗系统的生态建设带来较大的负面影响。

对于我国自主国产导航芯片，优先支持北斗系统，这样即可扩大北斗应用用户的范围，有了更大的用户群体，就能构建更好的产业链生态，助力推广北斗应用。这里阐明一个容易混淆的概念，是否支持某个卫星导航系统（如北斗、GPS、格洛纳斯、伽利略等）不取决于应用软件，而取决于底层的硬件芯片。当一台终端设备的底层芯片兼容支持北斗信号，这个终端设备就是支持北斗系统的。

由于 GPS 系统发展较早，在大众应用市场占据先发优势，长期的市场垄断，让 GPS 渐渐成为卫星导航系统的代名词。这里必须要澄清一个事实，GPS 并不能代表所有全球卫星导航系统，它只能代表美国的全球卫星导航系统。在最新版的很多地图软件中，原先“GPS 信号弱”的语音播报已经改为“卫星导航信号弱”。同时，国内很多知名地图厂商开始优先使用北斗系统，并在地图主页面上显示“北斗高精定位”。

随着北斗芯片小型化、低功耗、低成本、射频基带一体化等技术的不断发展，北斗已大量嵌入到手机、车载导航仪等大众消费产品中，并呈现出与物联网、大数据、5G 通信、人工智能等新技术的加速融合发展态势。手机物联网领域，国产手机芯片的卫星导航技术，都是通过使用国家支持研制的芯片 IP 而获得的，性

图 3-14　由 GPS 导航定位更改为卫星导航定位①

① 来源：百度地图。

能达到了国际一流水平；车载导航领域，北斗芯片主要应用在国产自主品牌汽车上，2019 年开始进入国外市场并应用于合资品牌车，性能达到或者接近国际一流水平；高精度领域，多模多频高精度 OEM 板卡及模块产品主要面向无人机、测量测绘、精准农业和机械控制、智能驾驶等高精度应用。国产北斗导航型芯片模块累计销量已突破亿片规模，高精度板卡和天线销量已占据国内卫星导航应用领域超过九成的市场份额，并输出到全球半数以上的国家和地区。国产芯片的全力突破，也带动了国外主流导航定位芯片全部支持北斗系统。

奋进之路，永无止境。国之重器的北斗是一项庞大的系统工程，分属不同系统的北斗人，心怀同样的理想和信念，为同一份事业不懈拼搏。北斗一路披荆斩棘，攻克一个个横亘在前进道路上的“拦路虎”，不断突破，冲刺尖端技术的提升与跨越，只为建设一个更加卓越的卫星导航系统，为世界提供更加优质的卫星导航服务。这份责任感就是北斗不断“进化”的内生动力。北斗人坚守着奋斗者的根与魂，志不改、道不移，不断创新超越，共同托举起中国的北斗。

陆

一流的北斗

小北从各种媒体上了解到北斗系统一路走来十分不易的同时，也体验到了北斗系统性能的优越。“北斗能够在国际卫星导航系统的舞台上大放异彩绝对是意料之中”，小北暗自想道。北斗系统中蕴含着中国智慧，建设过程时时体现着中国速度，建设成果处处打造着中国质量，正可谓“全方位多措并举向世界一流迈进”。

“那是北斗系统建设过程中一个个‘世界首次’堆成的，一次次‘圆满成功’砌成的，是每一位北斗人兢兢业业建成的。”

第一节

北斗中的中国智慧

一直以来，中国北斗从未停止对中国式全球卫星导航系统发展路线的探索与实践，立足本国，胸怀世界，以史为鉴，创新前行。从北斗一号到北斗三号的分阶段部署，到自主知识产权产品服务全球，中国北斗用26年的时间实现了“从无到有，从弱到强”的跨越。“举全国之力，创北斗奇迹”，北斗走出了一条具有中国特色、充满中国智慧的北斗发展之路。北斗团队“自主创新、开放融合、万众一心、追求卓越”的精神，是北斗人不断向前、不懈追求的力量源泉。从北斗一号的双星定位到北斗二号的混合星座设计，再到北斗三号的星间链路创新设计，北斗方案处处体现中国智慧。

北斗一号，最大的挑战之一就是双星定位。从1983年陈芳允院士提出双星定位设想，到工程全面实施，北斗人自主创新、攻坚克难，建成了世界上首个区域有源定位系统，仅利用两颗卫星就实现区域定位授时服务的能力，满足了中国及周边地区服务要求，投资少见效快，且定位和报告在同一信道完成，实现了用户双向报文通信，用户不仅知道“我在哪里”，还知道“我们在哪里”。在系统建设中，利用全数字信号处理技术解决了入站信号的快捕精跟技术，这在当时是一项大胆的创新，正是这大胆的创新助力实现了我国自主卫星导航系统从无到有零的突破[①]。

北斗二号，最大的挑战之一就是中高轨混合星座。北斗系统根据我国国情和应用需求选择了先区域、再全球的建设发展路线，分步走建立全球系统。在北斗二号区域系统建设中，创新地采用了混合星座，由 GEO 卫星、IGSO 卫星以及 MEO 卫星组成，既高效率地依靠中高轨卫星提供亚太区域服务，又发射中轨卫星兼顾未来全球扩展。其中 GEO 卫星和 IGSO 卫星组合，可为特定区域范围内提供良好的信号覆盖，MEO 卫星可在全球范围内均匀地提供服务，这种针对我国和亚太区域应用特点的星座设计，在低纬度地区、森林城市交接地区、山川峡谷地区性能突出，“一带一路”沿线大部分国家用户可见卫星数维持在 7—9 颗。在混合星座设计、攻关、组网过程中，北斗系统面临很多国际上首次遇到的问题。比如，高轨卫星的精密定轨难题、高轨卫星与倾斜地球同步轨道卫星测距值波动问题、地影期精度下降带来的定位精度超差问题等，针对这些问题，北斗人排除万难、一一攻克。相对国外卫星导航系统，北斗二号系统 GEO/IGSO 卫星采用了多功能服务融合的卫星方案，独具特色，攻克解决了区域布站下卫星高精度轨道和钟差测定等难题，同时兼具北斗一号系统双星定位和短报文通信服务的能力，使我国的卫星导航技术得到全面发展，为我国发展后续卫星导航系统积累了经验，奠定了基

① 人民资讯：《新时代的北斗世界一流》，2022 年 11 月 5 日，见 https://baijiahao.baidu.com/s?id=1748596213860934512&wfr=spider&for=pc。

础。从 2004 年到 2012 年北斗二号系统的研制组网中，北斗完成了“边建设，边试验，边应用”的目标，实现了区域范围内无线电导航服务以及区域星基增强能力，同时保持北斗一号系统特有的位置报告 / 短报文通信服务能力，区域定位精度达到国际先进水平，在交通运输、海洋渔业、水文监测、气象预报、森林防火、通信时统、电力调度、救灾减灾和国家安全等领域得到广泛应用，产生了显著的社会效益和经济效益。

北斗三号，最大的挑战之一就是星间链路全球组网。北斗系统难以全球建站，如果采用和其他全球系统相同的地面站监测运行方式，会因为对 MEO 卫星观测弧段不足而使广播星历钟差精度和服务性能下降。在不能全球建站的条件下，当北斗星座卫星飞行到境外，如何精确测量和确定星座卫星的时间位置信息，如何实时、准确地监测星座卫星状态信息，如何对全网卫星进行操作控制成为全球系统稳定运行并提供优质服务必须解决的问题。为此，北斗三号全球系统创新性地提出了“地面区域监测站 + 星间链路”的方案，利用各颗卫星配置的 Ka 频段星间链路载荷，实现全网卫星之间的高精度测量与通信。通过让北斗卫星在太空“手拉手”，完成星间测距、星间通信和星上数据处理，实现卫星状态信息和控制指令境内和境外的传递，以及卫星播发信息的自主更新。由于北斗卫星在太空中不停地高速运动，遥遥相望的两颗卫星需要精确的对准才能建立星间链路，这好比在几万公里完成穿针引线，难度之大，可想而知。

北斗人不断摸索实干、渐进迭代前进，从体制设计、设备研制、地面测试，再到在轨试验、评估收敛、应用服务，八年磨一剑，走出了一条独一无二的北斗星间建链之路，使天堑变通途。通过星间链路，全球所有北斗卫星之间能够在约7万公里的距离，进行高精度测量和信息传输，全球范围内“一星通，星星通”，实现了北斗服务全球、世界一流的目标。

从无到有、从弱到强，北斗团队在不同的历史时空，始终坚持自主创新这条攀登世界科技高峰的必由之路，总是在砥砺奋进中追求卓越、永不止步，始终将关键技术牢牢掌握在自己手里，走出了一条自力更生、自主创新、自我超越的建设发展之路。这也告诉我们，只有自主创新，才能赢得主动权、赢得市场、赢得未来，才能有效助推创新型国家建设。

——小北的笔记

第二节

北斗中的中国速度

从2017年11月至2020年6月，北斗系统两年多时间内共完成18箭30星超高密度发射组网部署，发射成功率100%。其中一年10箭19星远远超过美国GPS系统1年6星、俄罗斯格洛纳斯系统1年9星、欧盟伽利略系统1年6星的组网建设速度，创下世界卫星导航系统和我国同类卫星航天发射的新纪录。

作为航天史上首个巨型星座系统，“多年磨一箭、数载送一星”的传统航天单线研制模式已经无法满足要求。为了适应快速组网测试发射任务，北斗系统探索并实践了星箭“一次设计、组批生产”的研制模式。从卫星总体到卫星分系统再到单机厂家，从上到下，每一个研制环节都是不可中断的节点，整齐划一，统一行动。在设计上，北斗系统各类产品总体、总装、结构和热控一体化协同设计，“大框架”和“分设计”在同一时间、同一模型上协同完成，从总体设计到结构出图从以往的6个月缩短到2个月、图纸设计周期由1个月减少到7天，而且图纸从未发生干涉和孔位错误，既提效又保质，为后续生产加工节约出大量宝贵时间。每组卫星对接时间由60天缩短至25天，30颗卫星对接时间由原模式的3年缩短至1年2个月以内，大幅缩短了卫星系统验证时间，有力支撑了高密度组网发射，实现了重要产品零缺陷、密集发射零风险、运行服务零故障。

北斗系统发展过程中迭代演进、状态复杂，如何在高效生产、密集发射的同时，保证卫星验证的全面充分和产品质量成为摆在我们面前的一个难题。为此，北斗建立了地面试验验证系统，它是一个全系统、全规模、全要素，代表系统真实状态、软硬协同的仿真试验平台。该平台能够全面检验卫星状态和接口的协调性、匹配性和正确性，发现星座和卫星的系统问题，保证卫星的质量，为卫星出厂质量“把好最后一道关”。在工程总体的科学统筹下，北斗系统创新发展、迭代演进、步步为营，从追赶、比肩再到超越，实现了世界一流卫星导航系统的目标。

在北斗团队中，大家深刻地认识到每一项任务的完成都离不开党和国家的领导和信任，离不开老前辈打下的坚实基础，离不开全国兄弟单位的协作以及全国人民的支持。诚然，每一颗北斗星的身后都有一个强大的“幕后团队”牵动着各大系统。各个环节中的研发人员都能做到心往一处想，劲往一处使，越是艰难越向前，一起用汗水和智慧推动北斗工程更上一层。相比于其他领域的卫星研制，北斗导航卫星的发射一颗接着一颗，从来没有缓冲的时间，走的是“长征路”。2017 年，在时间缩短近三分之一的情况下，仍顺利完成了 19 颗北斗三号卫星的发射组网，创下了属于北斗人的“中国速度”。“超速”背后，有大半年不曾回家的总师，有吃在临时休息室的试验队员，有睡在临时搭建行军床上的工程师，这一切皆为与时间赛跑。

在航天精神和强国梦的感召下，天南海北的建设者怀揣理想会聚到北斗研发一线。据统计，工程启动以来，超 400 家单位、

30 万科研人员参与研制建设；相关服务应用领域单位已达 14000 家，从业人员超 50 万人。在“全国一盘棋”的大协作下，各环节高效运转，终取得现今的巨大成就。

受益于新型举国体制优势，北斗系统在队伍建设上打破传统边界，充分吸纳各方优势资源，充分竞争择优，“比学赶帮超”，通过几代北斗人和数十万建设者的共同奋斗，刷新了全球卫星导航系统组网速度的世界纪录，成功建成我国迄今为止规模最大、覆盖范围最广、服务性能最优、与百姓生活关联最为密切的巨型复杂航天系统。

——小北的笔记

第三节
北斗中的中国质量

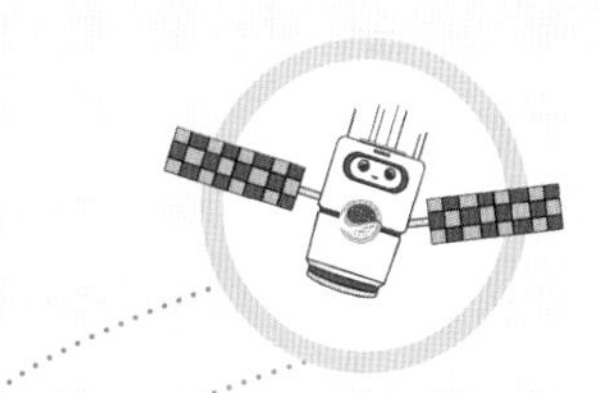

在先进设计理念和航天批产模式实施的同时，北斗对卫星质量提出了新的、更高的要求。如何既保质量又保进度，如何创造生产批量化、质量有提升的双赢局面，这是北斗团队急需解决的问题。

“组批生产”“快速组网”对卫星产品质量提出了新的、更高的要求。在传统模式下，卫星产品出现质量问题是“一坏坏一个”，而组批生产的卫星将传统航天器产品的实验室“孤品”做成了流水线产品，如出现质量问题，哪怕出现一丁点的“瑕疵”，就会产生“一坏坏一批”的严重后果。针对此难题，北斗系统深入研究和实施了宇航批次产品保证，从“保证产品质量”向“保证产品稳定性和一致性”转变，提取多个产品质量要素，从元器件、原材料、工艺、单机、软件、分系统、整星总装等工作中将理念、方法全面贯彻实施，实现了单机、分系统、系统产品稳定一致、滚动备份的批产能力。

针对批产研制和密集组网发射等方面存在的潜在风险，北斗系统创新建立了“多源数据融合风险认知分析、定性定量相结合风险动态评估、分级传递和提前防范风险预警控制”的风险控制保障链，形成了风险“识别、评估、防控”闭环控制，实现了由传统“质量前移”向“风险前移”的成功转型。

在北斗组网建设中，除了科学的方法，团队的每一位成员凭借对事业的热爱和专注，用严慎细实的工作确保每一个环节质量过关，一点点的瑕疵在他们眼里都是问题，这种刨根问底、一丝不苟的思维和行为方式始终贯穿整个研制过程。在北斗团队中广为流传着北斗卫星单机测试中“1 纳秒的故事”，小北有幸听爸爸讲过在某颗北斗卫星关键单机测试中，设计师发现了某个关键指标的偶尔超标，虽超限不足 1 纳秒，短到无法用言辞形容。但卫星导航系统是高度精确的，各种参数不容半点差错，这 1 纳秒的背后极有可能潜伏着巨大隐患。然而，进一步排查且不说耗费的时间精力，能否查出结果尚可未知，况且工期紧张，距离卫星发射窗口只有 4 个月的时间。在这时，设计师想起了一位自己最敬重的前辈的话：干航天的，对分析出的问题不能隐瞒，要勇敢面对，发动大家查找问题，要懂得将心比心。最终设计师带着问题与同事坦诚交底，经过讨论一致认为 1 纳秒的偏差是无法被容忍的。在接下来的时间里，所有人深深扎下去，相互扶助、齐心攻关。通过共同的努力，终于发现单机软件设计存在瑕疵，经过修改恢复了正常。这次问题的分析和排查，只是北斗创造中国质量背后的一个缩影，也正是以“零缺陷、零故障、零失误”为目标，团队研制人员通过一次次追求极致的工作和对瑕疵零容忍的态度，实现了北斗任务连战连捷。

用匠心打造精品。中国质量的背后是强大的航天科技能力、科学的系统工程管理、高效的测试验证系统和有效的质量控制方法，随着6月23日9时43分长征三号乙运载火箭点火发射，北斗收官之星奔向苍穹，北斗系统取得了任务发射“满堂红”，用中国质量给国家上交了一份满意的答卷。

——小北的笔记

点亮北斗走向世界

翻开 2022 年 11 月发布的《新时代的中国北斗》白皮书，看到“卫星导航是全人类的共同财富。中国坚持开放融合、协调合作、兼容互补、成果共享，积极开展北斗系统国际合作，推进北斗应用国际化进程，让北斗系统更好服务全球、造福人类，助力构建人类命运共同体”。小北想到，北斗系统是中国建设运行、服务全球的时空信息基础设施，是中国向全世界提供的公共服务产品，那么国际化就是北斗系统的天然属性，也是“服务全球、造福人类”的使命任务。

为全人类提供导航服务，要走好这条路并不容易，那么北斗是如何一步步走向全球化的呢？小北情不自禁地走向了图书馆，想从历程中寻找答案。

第一节
大国合作——与强者相处

（1）中欧——深化卫星导航系统协调合作

2002年，美国的全球定位系统GPS独占市场，不甘落后的欧盟发起了“伽利略”全球卫星导航计划，时任法国总统希拉克希望广结盟友，提升伽利略系统建设的效率，他的呼声得到时任德国总理施罗德的支持。伽利略计划利用开放合作的方式，通过吸引合作伙伴拓展用户，扩大应用。在这样的背景下，欧盟决定邀请中国加入伽利略计划。

当时的“北斗”系统刚刚开始区域系统规划建设、着眼发展全球系统能力，此时欧洲主动邀请中方加入其全球卫星导航计划，在相互有合作需求的情况下，2003年双方便签署了伽利略计划技术合作协定，该协定的签署意味着我们成为参加伽利略计划的第一个非欧盟成员国。随后双方共同组成了中欧伽利略计划合作联合指导委员会，中方将投资伽利略计划开发并支持其系统部署，在缴纳了第一笔入门费后，双方开始开展系统级与应用类项目合作。但2005年开始，随着中欧经济政治等形势的变化，中欧关系开始复杂化，此时投入巨额资金的中国难以进入伽利略计划的决策机构，在技术合作开发上也被一些政策或机制障碍所阻挡。随着时间的推移，加之欧盟单方面调整对非欧盟成员国参加伽利略计划的政策，中欧伽利略计划合作受阻，逐渐偏离了双方合作的初衷和目标。

看到这里，小北想到，卫星导航系统是重要的空间基础设施，是国之重器，不能假手于人，必须要发展自己的。中国一直坚定发展自主的卫星导航系统，在国际合作的种种复杂背景下，中国决定独立自主发展本国卫星导航系统的态度更加坚定坚决。

中国北斗与欧盟伽利略系统，同作为后发建设的全球卫星导航系统，发展周期有重叠，建设所需的频谱等战略资源也有重叠，两者存在天然的合作与博弈关系，这也注定双方的合作会在曲折中发展。

2007 年 4 月，北斗系统发射了北斗二号工程中圆轨道试验卫星，启用了在国际电联框架下申请的卫星网络资料。因北斗卫星部分信号与伽利略公共特许服务（PRS）信号有重叠，欧洲以国家安全兼容为由，希望中方调整信号让出重叠频段。为解决频率问题，中欧双方专门成立了中欧北斗与伽利略系统兼容与互操作技术工作组（TWG）开展谈判，讨论两系统信号兼容问题。

如何保障北斗系统发展权益，如何保住宝贵的空间频率资源，是当时北斗建设发展面临的大问题。北斗工程总体和技术专家团队顶住压力，积极组织技术协调、妥善应对。在 2008 年 9 月 TWG 第一次会议上，在了解到欧方希望我们单方面让出频段以使伽利略 PRS 信号独占频谱的态度后，我们深入开展兼容与互操作技术研究，始终坚持国际上关于频率资源使用“公平、合理、经济、有效”的原则，始终坚持底线不放松，应对有礼有理有节。我方坦诚回应，两系统均已申报卫星网络资料，协调地位相当，而且北斗二号系统技术状态已经确定，且已经开始发射卫星，后续卫星状态也已固化，箭已在弦，无法更改，但后续围绕北斗三号全球新信号，大家可以在对等的原则下，进行进一步讨论协调。

此后双方在多个场合务实交流，特别是在 TWG 框架下持续技术协调，本着求同存异的原则，历经 4 年共 7 轮会谈后，双方接受了北斗二号和伽利略信号重叠现状，承认了北斗信号的频率地位，中欧兼容协调取得阶段性成果，双方之后本着合作共赢的态度利用国际电联操作者协调、中欧空间对话机制等继续开展合作交流。

中欧合作，特别是北斗与伽利略的兼容互操作会谈，是北斗开展双边协调的一次技术历练，北斗走出国门、走向世界，不断开启与其他系统同台竞技，迈向国际化发展、全球化发展崭新局面。

真是捏了把汗！如果当时技术谈判没能取得积极成效，如果我们失去了宝贵的频率资源，那么频点要重新选择、信号体制要重新设计，北斗的建设进程就要大大放缓。为工程技术总体团队点赞，为北斗信号体制设计和频率协调队伍点赞！

（2）中美——让北斗加快融入国际

美国作为卫星导航领域的先行者，长期以来在全球卫星导航领域处于领先地位，占据卫星导航超过 95%的市场。中方希望和美方合作，推动北斗应用融入市场；而美方也意识到北斗系统的发展不可阻止，在保证自身不受影响的情况下，也愿意和北斗系统合作。

广泛深入的合作是需要建立在正式的合作机制和框架上的。从 2010 年起，中美双方就开始商议建立双边政府间沟通机制。直至 2014 年 5 月 19 日，《中美民用卫星导航系统合作声明》的签署，终于标志着两系统间常态化交流机制正式确立，并于 2018 年正式更名为“中美卫星导航合作对话机制”。

就在中美合作有条不紊的进行时，有人说，发展北斗不就是为满足我国战略安全和国民经济发展需要吗？为何又开始兼容与互操作合作？这是因为北斗系统发展较晚，要成为全球用户认可的 GNSS，要融入国际体系，就必须要顺应国际主流趋势，开展兼容与互操作合作。对于中美来说，B1/L1、B2/L5 两频点的兼容与互操作协调是近年来的工作重心。

2017 年 11 月 29 日，中美就北斗系统 B1/GPS L1 频点兼容与互操作达成共识，签署了《中美关于北斗与 GPS 信号兼容与互操作联合声明》。2020 年，中美双方就北斗系统 B2a/GPS L5 信号兼容与互操作达成共识，将择机签署成果文件。事实上，联合声明的签署，实现北斗与 GPS 民用信号互操作，不仅可以为用户提供双系统融合带来的更高精度更高可用的定位、导航、授时等服务，而且为北斗全球化推广带来了新的契机。

相较于美国 GPS，北斗作为后来者，一方面要加强自主创新、形成特色，另一方面要按照国际规则、标准和程序发展系统，融入国际体系。北斗星基增强系统（BDSBAS）就是自主设计、融入体系的典型服务，一方面积极推动国际上形成新的双频多星座标准，另一方面要实现既有的单频标准。BDSBAS 进入国际民航组织，实现既有单频标准是前提，这就得申请伪随机码（PRN），而 PRN 号历来一直由美国 GPS 管理办公室负责分配，如何获得 PRN 号就成了我们要面临的首要问题。

2017 年 6 月，我方正式向美国 GPS 管理办公室提交了 PRN 申请表、民航确认函、BDSBAS 发展计划、频率协调说明等申请文件，并于同年 10 月 12 日正式获批 BDSBAS 的 L1 C/A、L5 频点 PRN 号 130、143、144（对应轨位 80E、110.5E、140E）。

随着 BDSBAS 的身份合法化，中美双方就“北斗星基增强系统静止卫星（GEO）PRN 轨位对应关系变更”“北斗信号监测评估信息”“北斗星基增强系统卫星发播异常信号”等问题持续深入沟通，合作向用户播发更加精准的星历误差、卫星钟差、电离层延迟等修正信息，实现对原来单一导航系统定位差分增强与完好性服务的改进。

北斗和 GPS 的合作是新兴全球系统和传统全球系统的强强联合，中美导航系统的合作日益深入，两航天大国的紧密合作不仅体现了不同卫星导航系统的互补性，大大改善了多系统联合服务性能和可用性，也有助于民用卫星导航技术和平发展及全球用户服务质量提升。

（3）中俄——加强全方位战略合作

早在 20 世纪 90 年代，中俄两国就中俄卫星导航领域技术合作就开展了一系列交流活动。而从 1999 年至 2002 年，中俄双方就合作发展格洛纳斯系统问题进行了三轮会谈。但因双方核心利益未达成一致，双方合作暂时搁浅。

2012 年，因美 GPS 在俄建有多个跟踪站，出于对等原则，俄方向美方提出希望在美境内建设格洛纳斯跟踪站，结果被美国以可能损害本国国家安全为由拒绝。

之后，俄方多次向我国提出，希望俄罗斯格洛纳斯系统与中国北斗系统开展包含互建跟踪站在内的卫星导航合作，中俄卫星导航领域合作开始纳入中俄高层会晤内容。

2012 年 6 月，中俄航天合作工作组第二次会议期间，中国卫星导航系统管理办公室与俄罗斯联邦航天局的专家，基于平等互利原则，讨论了在中国与俄罗斯分别建设格洛纳斯系统和北斗系统监测站的可行性。2014 年 6 月，中俄举行卫星导航合作圆桌会议，在两国领导人的共同见证下，双方签署了《中国卫星导航系统管理办公室与俄罗斯联邦航天局在卫星导航领域合作谅解备忘录》，明确了双方深入开展合作的意愿，为双方进一步增强互信、务实合作打下重要基础。

2014 年 10 月，中俄总理第 19 次定期会晤期间，双方签署了《中国卫星导航系统委员会与俄罗斯联邦航天局在全球卫星导航领域合作谅解备忘录》，明确成立中俄卫星导航重大战略合作项目委员会，提出了增强系统、兼容与互操作、监测评估、联合应用推广等四个重点合作领域。2015 年 2 月，中俄卫星导航重大战略合作项目委员会召开第一次会议，围绕重点合作领域成立了四个工作组，明确了后续工作计划，务实推动双方多领域合作。自此，中俄总理定期会晤机制框架下的中俄卫星导航合作机制正式建立，中俄卫星导航合作迎来新的起点。

2015年5月，在中国国家主席习近平和俄罗斯联邦总统普京的见证下，双方签署了《中国北斗和俄罗斯格洛纳斯系统兼容与互操作联合声明》，这是北斗系统与全球其他卫星导航系统签署的首个系统间兼容与互操作政府文件，是北斗国际化发展的重要标志。两系统致力于促进共同发展，为全球用户提供更好、更可靠的卫星导航服务。该声明为两系统后续深化合作奠定了坚实基础，标志着中俄卫星导航合作进入新阶段。

2015年12月，在中俄总理第20次定期会晤期间，双方签署了《和平利用北斗系统和格洛纳斯系统开展导航技术应用合作的联合声明》，积极推进北斗系统和格洛纳斯系统及其增强系统的应用合作，共同为全球用户提供更高质量的卫星导航服务。

后续双方务实开展实施了北斗与格洛纳斯系统兼容与互操作、中俄互建站、联合芯片、跨境运输等多个合作项目，取得诸多成果。

2018年11月，在中俄总理第23次定期会晤期间，双方签署了《中华人民共和国政府和俄罗斯联邦政府关于和平使用北斗和格洛纳斯全球卫星导航系统的合作协定》，后经中俄卫星导航重大战略合作项目委员会第六次会议确认，协定于2019年9月8日正式生效，为两国卫星导航领域开展广泛合作提供了法律和组织保障。

2021年11月29日，中国卫星导航系统委员会和俄罗斯国家航天集团签署了《2021至2025年中俄卫星导航领域合作路线图》，合作路线图纳入《中俄总理第二十六次定期会晤联合公报》。《合作路线图》的签署，为保障北斗和格洛纳斯系统间创新融合发展，进一步扩大两系统合作领域，丰富合作内容，促进两系统合作提质升级提供了规划指导。

2022 年 2 月 4 日，双方签署了《中国卫星导航系统委员会与俄罗斯国家航天集团关于北斗和格洛纳斯全球卫星导航系统时间互操作的合作协议》，为保障双方在两系统实现时间互操作建立了组织和法律基础。

2023 年 3 月 21 日，在中俄元首会晤期间，双方签署了关于成立卫星导航合作分委会的议定书，在中俄总理定期会晤委员会框架下成立卫星导航合作分委会，将进一步加强并深化两国在卫星导航领域的务实合作，北斗与格洛纳斯两系统合作进入新阶段。

第二节
多边合作——北斗闪耀

（1）从 ICG 走向国际舞台

◎　**打破质疑，站稳脚跟**

ICG 的全称是“全球卫星导航系统国际委员会”，是在联合国框架下倡导成立的政府间非正式组织，于 2005 年 12 月正式成立，是卫星导航领域最重要的国际多边平台，称得上是卫星导航领域的“联合国”。

作为拥有在建卫星导航系统的联合国成员国，中国被 ICG 视为创始成员国，但在 2005 年 12 月 ICG 成立之初，因北斗系统的“三步走”战略，中国未能被认可为全球系统核心供应商，而是分属于当前及未来区域或天基增强系统供应商行列。于是，成为全球系统核心供应商便成了中国北斗追求的目标。

为积极正名，中国郑重向全球宣布北斗将建设成为全球系统，并在 2007 年的 ICG-2 大会上提出，北斗是正在建设的全球卫星导航系统，应位于 GNSS 核心供应商行列。经过主动发声和积极协调，大会最终同意我方提议，并修订了大会章程，将中国北斗与美国 GPS、俄罗斯格洛纳斯和欧盟伽利略系统一起列为 GNSS 四大核心供应商。

但当时成为核心供应商后的北斗，在国际上也曾经遇到了质疑的声音。2009 年，某国代表公然宣称，想要实现全球范围的定位，只要有伽利略、GPS 和格洛纳斯就够了，北斗是没用的，不但没有用，反而还会影响用户的使用。对此，北斗系统副总师杨元喜院士在 ICG 大会上通过作报告的方式，拿出了实实在在的数据，证明了中国北斗系统对国际的贡献：在全球范围内，北斗对导航终端设备的定位精度提高超过了 20%。正是如此有理有据的数据让外国代表哑口无言，自此“北斗无用论”从国际上销声匿迹。

◎ **促进公平**

卫星导航的国际合作中，会经常出现一个词“兼容与互操作”。“兼容”是指两个或多个卫星导航系统之间信号互不干扰；“互操作”是指用户同时使用多个卫星导航系统时，能享受到比使用单一系统更好的服务。简单来说，就是为了在保障各系统互不干扰的基础上提升系统性能，给用户提供更好的服务。

2008 年，各系统供应商在 ICG-3 大会上对兼容和互操作议题的概念和内涵开展了讨论。会上，美国、欧盟等坚持兼容需要系统间频谱分离，互操作中的功率水平、中心频率、调制方式、时间和大地坐标系等要素也要向其靠拢。

中方则从全球用户的角度上说明了多个 GNSS 系统发展的好处，并利用严谨的计算和论证说明了各个系统在现有频率资源稀缺的条件下，导航信号频段之间的部分重叠不可避免，而互操作可以在有各自独特设计的基础上，实现频谱的相似性，同时实现星座互补，从而联合为全球用户提供更好的服务。

最终在 2008 年的 ICG–3 大会上，经过全体供应商的讨论，这些思想成功写入了 ICG 成果文件。这一方面为我们赢来了声誉，另一方面为北斗未来全球信号体制的设计以及多样化的服务奠定了坚实基础。

随着中国对 ICG 活动参与的逐渐深入，对涉及卫星导航领域重点利益方向议题的参与度也越来越高。但由于早在 ICG 成立之初，ICG 工作组主席席位已被其他系统及国际组织尽数占据，且供应商论坛由美方常任主席，中方在 ICG 体系中的话语权始终不足，尤其是随着系统的建设发展和日渐提升的利益需求，话语权问题成了北斗人的一块“心病”。

在一次预备会议上，我方针对性地提出主席是否可以轮值的提议，比如每次由大会当年举办国与上一届大会主办国的系统代表联合担任主席，形成规则和机制，这样各供应商可平等地为论坛作贡献。预备会议后，我们通过邮件等方式争取其他系统供应商的支持，并将之作为一个议题在后续会议上提出，此举符合绝大多数参与方的利益，立刻获得了各方的积极响应，在 ICG–8 大会上正式通过了供应商论坛主席轮值制度，并写入了供应商章程文件。这是中方对于 ICG 公平性的贡献，北斗也因此获得了更多声誉和赞许。

◎ 北斗烙印，星耀全球

ICG 大会，一般每年举办一届，由各成员轮流主办，但要说最令人印象深刻的，还是 2012 年和 2018 年在中国举办的两届。

2012 年正值北斗系统密集组网发射，逐步形成区域完整服务能力关键时期。在北斗二号正式开通服务，开始为亚太区域提供服务之际举办ICG大会，对于进一步增强北斗地位、倡导北斗应用、助推亚太市场开拓、塑造北斗良好形象，具有非同寻常的意义。

ICG–7大会的标志性成果便是“北京宣言”，倡导各卫星导航系统加强兼容互操作协调合作，推进卫星导航系统全球应用，高度契合ICG的宗旨。它符合国际卫星导航发展大势，通过大会期间积极与各大卫星导航系统供应商协调，我们第一次从国际共性出发提出的建议被各国接受认可，并写入了大会文件。时任联合国外空司司长奥斯曼女士称赞道：“中国在卫星导航领域发挥出领袖和榜样作用。”

2018年，世界卫星导航领域各个系统纷纷面临更新换代，卫星导航该如何发展是各方考虑的重点，此时恰逢我国主办ICG–13大会。基于此，我们也对世界卫星导航前进方向作出中国判断，在ICG–13大会上积极协调美、俄、欧等系统供应商，主导发起了共同发展下一代卫星导航倡议，即“西安倡议”。西安倡议倡导联合发展卫星导航系统，促进国际PNT体系发展，体现了GNSS系统共同构建全球时空服务共同体的使命和愿望。西安倡议标志着北斗参与ICG活动，实现了从跟随到引领的转变。ICG–13大会期间，我方构思的技术文化之旅、应用专题会议、展览展示、欢迎晚宴等环节为各国参会代表留下深刻印象。大会闭幕式上，全体参会代表史无前例地全体起立鼓掌，向大会的完美组织与顺利召开致意，称赞ICG–13大会是完美无瑕、不可超越的盛会。

从十年前某国代表扬言北斗无用，到如今的各国称赞，不可否认的是，北斗在国际舞台的地位与作用不断凸显，已成为推动国际 GNSS 发展的核心力量之一[①]。

（2）北斗与国际友邻结缘

北斗走向全球的路上，从来都不是孤单的。

一直以来，北斗遵循“亲诚惠容”的理念和“以邻为伴、与邻为善”的方针，举办了与阿拉伯国家、东盟和中亚地区的国际活动。卫星导航领域更大范围、更广领域、更高层次的合作，正积极推动着北斗走向世界。

2014 年，习近平主席在中阿合作论坛第六届部长级会议上提出了构建“1+2+3”的合作格局，开启了中阿卫星导航领域的合作。2016 年 1 月 19 日，中国与沙特正式建立了卫星导航合作机制。2017 年 5 月 24 日，首届中阿北斗合作论坛成功举办。2018 年 4 月 10 日，中阿北斗 /GNSS 中心在突尼斯落成，沙特阿拉伯、埃及等阿盟国家也举办卫星导航培训和研讨活动，卫星导航合作逐渐成为中国与阿拉伯国家在高新技术领域合作的亮点。2019 年 4 月 1 日，第二届中阿北斗合作论坛在突尼斯举办。2019 年 9 月 23 日，中国与伊拉克建立了卫星导航领域的合作机制。2021 年 12 月 8 日，第三届中阿北斗合作论坛以线上线下混合的形式成功举行，双方共同签署发布《中国—阿拉伯国家卫星导航领域合作行动计划（2022—2023 年）》，并签署了《开展北斗中轨搜救服务及返向链路服务联合测试合作意向书》。

中阿北斗合作可谓硕果累累，与多个阿拉伯国家建立合作机

① 卢鋆：《兼容共用，北斗与世界携手》，《今日中国》2020 年第 7 期。

制的同时，也引来了国际上关注北斗系统的热潮，是北斗迈向国际舞台的重要一步。

相比遥远的阿拉伯，东盟可谓是北斗的近邻。早在 2012 年底，北斗系统面向亚太地区提供区域服务后，随即策划了“北斗东盟行”活动，拉开了北斗走进东盟的序幕。由于北斗系统采用了中高轨混合星座设计，在低纬度地区抗遮挡能力更强，可视卫星数更多，定位精度更优，东盟国家因其更低的纬度，是北斗系统在全球服务性能最好的区域之一，可享受北斗系统更高精度、更加可靠的精准时空服务。

中国—东盟信息港论坛已举办四届，中国—东盟北斗应用与产业发展合作论坛也取得了丰硕成果。2018 年 1 月，广西北斗综合应用示范工程启动，北斗面向东盟国家开展了北斗应用推广、技术交流、教育培训、联合实验室等系列活动和项目，建立中国—东盟卫星导航国际合作联盟，北斗在东盟落地生根。2019 年 10 月 17 日，“中国—东盟北斗 /GNSS 中心”在南宁揭幕运行，成为继中阿北斗 /GNSS 中心之后运行的第二个中心。它的落成为北斗系统走向东盟提供了重要平台，加快了中国和东盟国家的合作进程，为推动北斗系统走出去贡献了重要力量。

2020 年 11 月 26 日，第三届中国—东盟北斗应用与产业发展合作论坛召开，论坛以“产业新发展、融合新生态”为主题，通过线上和线下两种形式，展示北斗系统的特色服务、前期北斗应用示范项目的进展、北斗在马来西亚和老挝等东盟国家的应用和服务效果，以及面向东盟开设的教育培训和人才交流等工作进展。论坛还建立了中国—东盟北斗总部基地，与外企就卫星地面测运控、北斗三短报文终端试用合作、农业北斗应用等领域合作项目协议进行了签约。该论坛促进“北斗 +”产业生态构建，推动与东盟国家深入合作共赢。

2022 年 9 月 17 日，2022 中国—东盟卫星应用产业合作论坛在广西南宁举行，以“北斗智引数字丝路　时空赋能创新发展”为主题，聚焦时空技术与传统产业深度融合，促进传统产业转型升级，赋能数字经济，进而推动中国和东盟各国在卫星应用领域的深度交流与合作，全球首款成熟商用的“北斗量子手机”在该论坛举行了首发仪式。

（3）国际标准——全球市场的通行证

标准就像全球的“通用语言”，世界需要标准协同发展，标准促进世界互联互通。北斗系统要走向世界，得到全球广泛认可，必须要推动北斗系统加入国际标准、参与国际标准的制定，这是北斗获得在全球行业领域应用的通行证，是实现产业化、国际化的必然选择。而在卫星导航应用的诸多领域中，民航、海事、移动通信等是有显著代表性的重要领域。

◎　国际海事——北斗首个进入的全球标准

海上需要导航，故海事是卫星导航可以发挥作用的重要应用领域，海事标准也是北斗必须要加入的国际标准之一。国际海事组织（IMO）是联合国框架下的机构，早期 GPS 与格洛纳斯系统凭借先发优势已进入 IMO 标准，同时构建了对后续卫星导航系统的准入规则与门槛。

2012 年初，北斗二号系统即将完成部署，我国随即启动了北斗加入国际海事组织标准化进程。但是，北斗二号只是区域系统，加入 IMO 的难度和挑战很大。但考虑到进入标准是一个长期过程，北斗海事标准团队决定提前启动，在 2012 年第 91 次海安会上提交了北斗应用于海事领域的相关提案，并移交至航行安全分委会开展技术审议。

为了我方提案能够通过，我方代表团提前 3 天抵达伦敦，分别与英、德、法、美、俄等国家进行了非正式双边沟通协调。会期针对有关代表对我方提案中时间、坐标系统如何与国际通行时空基准转换，以及北斗船载接收机测速、授时精度等问题提出的质询，为避免反复和迟滞提案，我方代表团连夜紧急召集国内专家讨论并给出令各方信服的澄清和积极稳妥的回应，保障北斗提案顺利通过了航行安全分委会的技术审议。2014 年 5 月，北斗船载接收机性能标准返回海安会做进一步审议，并顺利获得 IMO 批准，发布了正式决议号，该标准是北斗系统的首个国际标准，标志着我国北斗系统国际海事标准化工作取得了突破性进展，极大地振奋了北斗国际海事标准团队。

接下来更加艰巨的任务是完成北斗在国际海事组织框架下的系统认可。为争取更多国家对北斗的认可和支持，北斗国际标准团队在海事局通航处的策划组织下，在 IMO 主会场承办了我国在航行安全分委会有史以来的首次茶歇推介活动，各国代表一边品尝着我国的传统美食月饼，一边观看着北斗系统的展示片，兴致盎然地询问北斗服务能力，并对北斗未来发展表达美好期许，北斗区域服务的优异性能以及向全球拓展的发展规划，增强了各国代表对北斗的认可和信心，系统认可的审议在主会场快速获全票通过。同年 11 月，中国向 IMO 提交“北斗在国际海事领域应用的政府承诺函”，表达了北斗系统服务国际海事领域的积极态度与责任担当，推动 IMO 完成了对北斗系统性能的最终认可，北斗成为继 GPS、格洛纳斯系统之后，第三个获国际海事组织认可的世界无线电卫星导航系统。

北斗国际海事标准工作，是北斗国际标准推进工程中的排头兵，突破了北斗的第一个国际标准，拿到了北斗在多系统共用领域的第一个国际标准，随后也第一次将北斗星基增强系统推进国际海事领域，开创了北斗系统走向国际航海、走向全球应用崭新局面。

◎ 国际民航——卫星导航应用的“天花板”

民航是生命攸关的交通运行领域，是卫星导航全球应用的高端领域，是全球航空航天强国竞相角逐的卫星导航应用制高点。按照国际民航组织（ICAO）有关要求，四大全球卫星导航系统均需完成相关技术标准的指标验证工作，且每一项技术指标均需提供充分的论证与支撑材料，并得到各方一致认可后方能通过验证，在北斗之前，中国民航对卫星导航的应用都依赖于美国 GPS 系统。

随着北斗二号系统的建设部署，2010 年中国向 ICAO 提出将北斗系统纳入国际民航组织标准框架的申请。2011 年 1 月，ICAO 第 192 次理事会以决议形式，同意北斗系统逐步进入 ICAO 标准框架。自此，北斗系统开始了在 ICAO 框架下制定北斗标准以及一系列验证工作的漫漫长路。

2011—2018 年，是北斗国际民航标准的蓄力阶段。这一阶段，北斗二号系统逐步建成，北斗三号启动部署并建成基本系统、开通运行，这一阶段我们苦练内功，并紧密跟进相关技术讨论和标准制定。2018—2020 年，是北斗国际民航标准的攻坚阶段，2018 年北斗系统基本系统建成开通后，从 2019 年开始，北斗技术团队抓住每次会议机会，对 189 项技术指标逐一开展协调和验证。由于北斗是民航应用全球 GNSS 的新成员，早期导航系统专家组（NSP）专家对北斗提出很多疑问和质询，北斗每一次提交相关技术支撑文件，都会收到与会专家几十条的会议意见，尤其是完好性和抗干扰相关技术指标的制定和讨论，更是引来专家激烈的讨论。

最终，在 2020 年 11 月 ICAO NSP 第六次全体会议上，北斗三号全球卫星导航系统 189 项性能指标的技术全部获验证通过，这标志着北斗三号进入国际民航组织标准工作的核心和主要任务已经顺利完成，北斗为全球民航提供服务的能力得到国际认可。

北斗国际民航标准的制定和技术验证是真正意义上的十年磨一剑。十年里，北斗团队参加国际协调会议 50 余次，提交各类文件百余份，共千余页，答复问题 2000 余项，同时也创造了“两个第一”，一是北斗第一次成体系通过 ICAO 这一对 GNSS 性能要求最高的行业组织的技术验证，充分证明了北斗为全球各行业提供导航服务的实力；二是中国民航第一次以自身团队为核心，成功推进我国自主创新的复杂巨系统成为国际民航组织标准，对全面实施中国民航标准国际化战略、推进北斗民航应用普及、助力新时代民航强国建设都具有重要意义。

◎　国际移动通信——让北斗服务大众

我国拥有巨大的卫星导航产业应用与服务市场，庞大的人口规模更是形成了世界上最大的移动通信市场、世界上发展最快的互联网用户群体和汽车市场。第三代合作伙伴计划（3GPP）是全球影响力最大的移动通信国际标准制定组织之一，其制定的通信技术规范拥有全球最大的产业和用户规模。3GPP 是制定 2G、3G、4G 及 5G 国际标准的主要组织。2012 年，我国产业界启动北斗进入 3GPP 工作。

2013 年，在北斗二号系统建成后一年，北斗团队联合工业部门，取得了斐然的成果。第三代合作伙伴计划、第三代合作伙伴计划 2 和开放移动联盟（OMA）先后发布北斗定位相关的技术标准和性能标准。2016 年底，已累计制定 26 项北斗二号信号国际标准，涉及第二、三、四代移动通信系统的技术标准 23 项、性能标准 2 项、测试标准 1 项，累计参会 30 余次，提交 70 余项提案，填补了北斗在 3GPP 领域的空白。

2018 年，正式开启北斗三号新信号 3GPP 标准修订工作。2019 年 8 月，我国代表团在 3GPP 会议上首次提交 4 项北斗三号 B1C 信号技术提案。这项工作也颇有曲折，但结果圆满。当时会上有部分国外企业提出异议，认为北斗三号新信号标准化工作将带来巨大的工作量，反对通过修改 R16 将北斗纳入 5G 标准，应当推迟到 R17 版本阶段再进行。考虑到 3GPP 工作周期较长，如果延后到 R17，则意味着要到 2022 年 3GPP 5G 标准才会支持北斗三号，这会严重阻碍北斗三号在移动通信领域的全球应用推广。因此，我方代表团积极与当值主席和秘书进行积极协调，并与国外企业进行充分解释沟通，解答专家们的问题和疑虑，特别是提出北斗三号已经开通服务，接口文件和性能规范已经发布，各项工作都很落地，且增加北斗新信号后将会给用户带来更多有益的使用体验。通过代表团的积极争取，最终成功说服各方同意通过修改 R16 版本将北斗三号 B1C 信号写入 5G 标准。2020 年 7 月，首批支持北斗 B1C 信号的 3GPP 标准正式发布，北斗移动通信国际标准工作取得新的突破。

2020 年 7 月，随着北斗全球系统全面建成开通，北斗位置服务迎来业务爆发期。据新华社报道，包括苹果在内的国际主流智能手机厂商广泛支持北斗，2020 年第四季度申请入网支持北斗定位的智能手机达到近 80%。国内方面，2022 年智能手机出货量为 2.64 亿部，其中 2.6 亿部手机支持北斗功能，占比达 98.5%。百度地图与高德地图先后宣布正式切换为北斗优先定位，北斗定位服务日均使用量已超过数千亿次。①

2022 年 6 月，北斗 B2a 和 B3I 信号技术标准提案通过了 3GPP 审议，第四代、第五代移动通信网络系统辅助北斗定位技术标准也正式发布。

当然，除了 ICAO、IMAO 和 3GPP 外，北斗系统也在逐步融入并参与搜救、接收机通用数据格式等方面标准的修订。2022 年 11 月，北斗短报文服务系统正式加入全球海上遇险与安全系统；同月，中国与国际搜救卫星组织四个理事国签署北斗中轨搜救载荷加入该组织的政府间合作意向声明，标志着中国正式成为国际搜救卫星组织空间段提供国。未来，我国还将持续推动北斗系统进入各类国际标准，为全球用户提供更好的服务。

① 杨长风等：《北斗卫星导航系统规模应用国际化发展战略研究》，《中国工程科学》2023 年第 2 期。

梦想的方向，北斗未来大有可期

每当小北翻看老照片的时候，常听到父母的感慨："20 年前，路上的汽车没有这么多；交通违章也没有电子眼；照片还需要用胶卷；出门到陌生的地方需要看地图；手机还是黑白屏幕，只能打电话发短信；现在的生活，真是做梦都想不到，再过 20 年，更是不敢想，不敢想啊！……"

小北也曾在日记里写道："真正的未来，是想象永远无法触及的未来，无论我们如何畅想，我们都无法看到未来真实的样子。就如同 20 年前的我，是如何也想不到 2022 年的今天，无须问路就能导航到陌生地，无须钱包就能畅快逛街购物，无须开火就能美食到家，无须沾水就能清洁地板……20 年后，北斗是不是也会变得更好呢？"

北斗的未来也是一样，北斗服务已经在线，北斗未来大有可期。

第一节 梦想领航未来

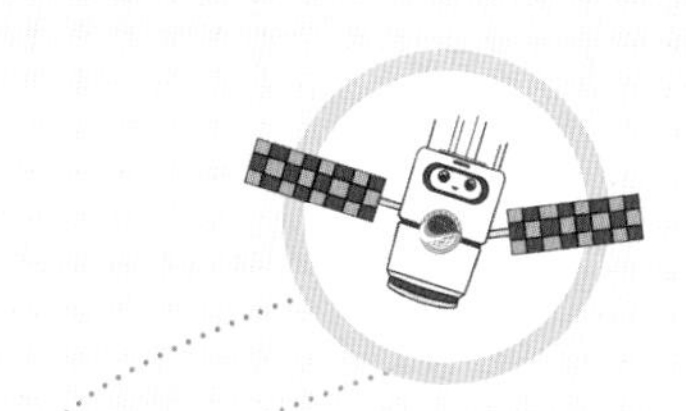

小北自幼年开始关注北斗，到如今，小北已成青年，而北斗也已开通了全球服务。北斗是否已经大功告成、就此止步了呢？小北在网上没有找到直接的答案，却搜索到了“加快建设下一代北斗系统”“国家综合 PNT（定位导航授时）体系”等，原来北斗从未画上句号，它一直在挺身向前，北斗以及以北斗为核心构建的综合时空体系与服务将进一步延伸至深空、室内、水下，从服务近地空间向服务人类全域活动空间拓展，向浩瀚宇宙、茂密丛林、遮蔽空间、无际深海拓展。

北斗的发展，正如国务院新闻办公室2022年11月发布的《新时代的中国北斗》白皮书中对北斗发展新愿景所展望的那样，“建强北斗卫星导航系统，建成中国特色北斗系统智能运维管理体系，突出短报文、地基增强、星基增强、国际搜救等特色服务优势，不断提升服务性能、拓展服务功能，形成全球动态分米级高精度定位导航和完好性保障能力，向全球用户提供高质量服务”。

实现梦想的过程从来都不是一蹴而就的，如“滴水穿石，一滴不可弃滞”。北斗开通全球服务只是北斗重大里程碑成就，并不是北斗的全部。过去，北斗一直在脚踏实地、严慎细实地提升自己的能力，努力不懈地使自身成为世界一流、追求卓越的系统；未来，北斗系统将通过全面提升服务性能、星地组网升级换代、创新升级北斗系统，不断实现自我超越。

（1）全面提升服务性能

提升空间信号精度与质量，实现服务性能稳中有升是北斗不懈的追求。从美、俄、欧等世界其他全球卫星导航系统运行来看，均出现过服务中断或服务偏差等问题，欧盟伽利略系统2019年因地面段升级造成精密时间设施故障，服务持续中断117小时，引发国际卫星导航领域高度关注。北斗系统的建成开通不是终点，而是新的起点，高稳定运行能力和高可靠连续服务是北斗系统进入全球服务时代的新标尺。

在服务能力方面，当前北斗系统正在构建完善智能运行维护体系、高效运转的多方联保机制，将通过发射补充备份卫星、扩展监测站数量和范围、大力实施数据融通、优化改进精密定轨和时间同步算法等，确保系统稳定运行，不断提升系统服务精度、可用性、连续性、完好性。

在服务场域方面，从2021年5月发布的《北斗卫星导航系统公开服务性能规范（3.0版）》中，大家可以了解到定位导航授时的服务区域，是全球范围地球表面及其向空中扩展1000千米高度的近地区域。也就是说，当距离地面超过1000千米，北斗卫星导航系统还未明确对用户服务的能力标准。然而，随着人类探索宇宙的脚步越迈越大，从地球飞往太空的各类飞行器对精确时空信息的需求愈发迫切。通过加强兼容互操作，制定服务规范，可实现应用场域从近地1000千米高度到36000千米高度范围的空间服务域，以及包括地月转移空间在内的深空服务域拓展。

此外，北斗系统将对国际搜救、短报文通信、星基增强、地基增强等北斗特色服务平台，北斗产品检测认证服务体系等多方面进行改进完善，使系统服务品质不断提升。

（2）星地组网升级换代

小北知道北斗系统分为空间段、地面段和用户段，“但这些北斗组网设施都已经建设完成，将如何实现升级换代，难道是像手机那样，新功能不断涌现，2 至 3 年就升级一代?”小北心中充满了疑惑，直到在网上查阅了大量资料，小北才找到了答案。

以空间段为例，随着科技的进步，卫星在朝着更加智能的方向发展，数字化、智能化的新技术不断应用于北斗系统。比如，早期在天上运行的大多数卫星，它们的星上软件和硬件系统都是在卫星发射前固定下来的。只要卫星在轨运行，一直到卫星退役，这套软件和硬件都难以进行修改，也就是说，即使运行期间在地面找到了新的更加好用的算法模型，也没有办法改变星上软件，只能延续原来的能力继续使用。但近几年研制发射的北斗三号卫星，大多数具备在轨更新软件的能力，也就是说，通过地面上注方式，卫星在轨运行期间就能修改软件，从而实现星上处理算法和软件的在轨修复与更新。技术进步永无止境。未来，卫星的自主智能处理能力和数字化程度将更加强大，包括在无地面监测站信息情况下的信号质量星上自主全面监测、卫星智能自主变轨等。尽管北斗系统已经是 GNSS 系统中的佼佼者，但百舸争流，不进则退，北斗不会止步于此。北斗系统还将全面提升能力，在地面运控、测控和星间链路运管系统基础上，升级建设智能化、一体化的运行管理体系；优化“设计、研制、验证、改进、再验证”流程，迭代演进北斗卫星、运载火箭、地面站等核心设施，创建适应多星、多箭、多站同期研发、组批生产新模式，提升星地一体快速组网、地面一体化运管能力。同时，也将升级试验评估设施，在北斗地面试验验证系统和全球连续监测评估系统基础上，升级建设 PNT 体系的数字孪生平台和综合监测评估平台，使北斗系统部署运行更加智能高效。

（3）创新升级北斗系统

截至 2023 年 6 月，全球在轨运行服务的导航卫星数量逾 140 颗，世界卫星导航全面进入多系统服务新阶段。为进一步提升系统能力和全球竞争力，世界各主要卫星导航国家瞄准更高精度、更多功能、更加安全，均在规划和部署新一代系统。美国计划 2034 年前完成 32 颗 GPS III 系列卫星部署，欧盟计划 2035 年前完成第二代伽利略系统建设，俄罗斯计划 2030 年建成以新一代卫星为主体的导航星座，预计 2035 年将成为新一轮竞技的重要里程碑式节点，世界卫星导航新竞技态势日益凸显。

当前，正是北斗系统勇立潮头、加速发展、创新超越的重要窗口期和机遇期。创新系统架构，在现有中高轨混合星座基础上，紧抓商业航天发展机遇，构建高中低轨混合星座，实现全球分米级高精度服务能力；加强核心攻关，加快激光星间链路、数字化载荷、新型原子钟等对系统精度和安全性提升有关键影响的核心技术和产品研发；创新运维模式，推动监测资源天基化、时空基准天基化、地面系统一体化、运维能力智能化发展；强化特色功能，实现更大容量、更高速率、更低功耗的短报文通信能力和全球随遇接入能力，全面提升系统性能、拓展服务功能、强化安全可信。①

北斗系统虽已建成，北斗之路尚未结束。北斗新的征程已再度开启，高中低轨融合、数字化卫星、智能运维等一系列新技术即将上线，国际搜救、短报文通信、导航增强等各类服务平台也在升级，智能化的新一代北斗系统让人充满期待，正如我所期待的未来。

——小北的笔记

① 杨长风、卢鋆：《加快建设下一代北斗系统 筑牢国家时空信息服务重要基石》，《中国网信》2022 年第 5 期。

第二节 时空新赋能

“北斗系统功能如此强大，是不是能够满足所有的导航需求呢?”小北心中一直有这样一个疑问。在室内、隧道、地铁、茂密的丛林、高耸的楼宇间，手机有时会提示“卫星导航信号弱”，这是不是意味着北斗系统也有其不能满足的区域呢。有着强烈求知欲的小北，再一次走进图书馆，试着从众多资料中寻找答案。

通过查阅资料，小北了解到人类获取时空信息的手段经历了自然地物导航、机械装置导航、无线电 / 惯性导航，再到卫星导航四个阶段的发展历程。目前，卫星导航满足了全球地表及近地空间内用户普适的低成本 PNT 需求，但由于无线电信号具有信号易被遮挡和干扰等固有特性，卫星导航应用存在一定局限。例如，在复杂电磁环境中易受干扰和阻断，信号穿透障碍能力受限，在隧道、峡谷、密林、高楼、室内等区域，有时无法正常使用，而且难以抵达深海、深空。

当前，北斗导航满足了全球地表及近地空间内用户普适的 PNT 需求，但面对人类活动空间逐步扩展到陆海空天全域和更加泛在安全的应用需求时，还要综合发展卫星导航、惯性导航、室内导航、水下导航、深空导航等多种导航技术，融合 5G、大数据、人工智能等新技术，形成陆海空天一体、室内室外无缝衔接的时空信息服务能力。这就涉及小北在查阅资料过程中多次看到的国家综合定位导航授时（PNT）体系，那么这个名词有着怎样的内涵？它和北斗系统是什么关系呢？

国家综合定位导航授时（PNT）体系以卫星导航作为核心和基础，把卫星导航和不依赖卫星导航的技术融合在一起，使服务更加泛在、更加融合、更加智能。以北斗系统为核心的国家综合定位导航授时体系的构建，目的是发展多种导航手段，实现多种手段聚能增效、多源信息融合共享[①]。举个例子，GNSS 信号所采用的 L 频段信号在水下无法传播，也就是说，水下用户不能使用 GNSS 进行导航定位授时，而声信号在空气中传播速度约为 340m/s，声音在水中传播速度约为 1500m/s，在无线电信号高速率传输带来的高性能的对比下，陆地用户极少使用声音信号进行导航定位授时，当设备既需要在水上获得 PNT 服务，又需要在水下获得 PNT 服务时，显然单一手段无法满足需求，需要融合卫星导航和水声等多种 PNT 手段。

需要指出的是，卫星导航虽然存在一定的使用局限，但在各种定位导航授时手段中，以其全球覆盖、全天候、全天时、高精度、便捷性、低成本等独特优势备受青睐，既是目前人类社会使用最广泛的 PNT 手段，也是为其他各类 PNT 手段提供统一时空基准的重要基础。相比卫星导航，任何其他 PNT 手段都不能兼具上述优势，缺少卫星导航，将导致 PNT 体系碎片化发展。

① 杨元喜、任夏、贾小林、孙碧娇：《以北斗系统为核心的国家安全 PNT 体系发展趋势》，《中国科学：地球科学》2023 年第 5 期。

随着数字化、大数据、人工智能、工业互联网等方面国家政策的陆续出台，通过汇聚海量信息实现网络化、智能化 PNT 指日可待。在智能交通、精细农业、精准物流、自动驾驶等领域，PNT 应用不断催生新模式、新业态，让 PNT 服务无处不在、无时不有，无所不包。①

知行合一，行远自迩。新起点，新征程，国家综合时空体系的建设者们，将继续传承和弘扬新时代北斗精神，通过体系融合聚能、赋能、生能、强能，为未来智能化、无人化发展提供核心支撑。力争在 2035 年前，建成能够覆盖从室内到室外，从深海到深空全域的国综合定位导航授时体系，提供基准统一、覆盖无缝、弹性智能、安全可信、便捷高效的综合时空信息服务，推动构建人类命运共同体，建设更加美好的世界！

面对人类活动空间逐步扩展到陆海空天全域和更加泛在安全的应用需求，要综合发展卫星导航、低轨星座、惯性导航、室内导航、水下导航、深空导航等多种导航技术，融合 5G、大数据、人工智能等新技术，形成陆海空天一体、室内室外无缝衔接的时空信息服务能力。北斗系统和综合定位导航授时体系的建设充满挑战、充满希望，行而不辍，未来可期！

——小北的笔记

① 杨长风、卢鋆：《加快建设下一代北斗系统 筑牢国家时空信息服务重要基石》，《中国网信》2022 年第 5 期。

参考文献

1. 中国卫星导航定位协会：《2023 中国卫星导航与位置服务产业发展白皮书》，2023 年 5 月 18 日。

2. 国务院新闻办公室：《新时代的中国北斗》白皮书，2022 年 11 月，见 https://www.gov.cn/zhengce/2022-11/04/content_5724523.htm。

3. 华声在线：《“北斗卫星功不可没，让我们避开一场灾难”——北斗卫星监测系统精准预警石门县雷家山特大型山体滑坡地质灾害》，2021 年 9 月 19 日，见 https://baijiahao.baidu.com/s?id=1711308051701740446&wfr=spider&for=pc。

4. 施闯、周凌昊、范磊等：《利用北斗/GNSS 观测数据分析“21・7”河南极端暴雨过程》，《地球物理学报》2022 年第 1 期。

5. 中国卫星导航系统管理办公室：《北斗卫星导航系统公开服务性能规范（3.0）》，2021 年 5 月，见 www.beidou.org.cn。

6. 上海华测导航技术股份有限公司：《农机自动驾驶系统》，见 http://www.huace.cn/cases/cases_show/109。

7. 人民网：《牛！前旗农民耕地用上北斗导航、无人驾驶……》，2020 年 4 月 30 日，见 http://nm.people.com.cn/n2/2020/0430/c347196-33988317.html。

8. 北斗卫星导航系统官网：《北斗助力新疆棉精准播种，提升农机作业现代化水平!》，2022 年 4 月 11 日，见 http://www.beidou.gov.cn/yw/xydt/202204/t20220425_23933.html。

9. 中国政府网：《新疆棉花机械化采收率超 80%》，2022 年 6 月 22 日，见 http:www.gov.cn/xinwen/2022-06/22/content_5697041.htm。

10. 北京合众思壮科技股份有限公司产品手册：北斗高精度定位基准站及终端，见 http://www.unistrong.com。

11. 孙权、徐智劼、朱涛：《北斗系统在金融领域的应用研究与实践》，《卫星应用》2021 年第 11 期。

12. 中国人民银行：《“双十一”支付业务和居民消费稳步增长》，2021 年 11 月 12 日，见 https://mp.weixin.qq.com/s/lPsWN4GKkGbY5b-_vinHRA。

13. 上海司南卫星导航技术有限公司：港珠澳大桥上的北斗高精度桥梁监测设备。

14. 杨元喜主编，卢鋆、张弓、高为广、郭树人、张爽娜：《北斗导航》，国防工业出版社 2022 年版。

15. 中国卫星导航系统管理办公室：《北斗卫星导航系统空间信号接口控制文件——公开服务信号 B1I（3.0 版）》，2019 年 2 月。

16. 卢鋆、武建峰、袁海波、申建华、孟轶男、宿晨庚、陈颖：《北斗三号系统时频体系设计与实现》，《武汉大学学报（信息科学版）》2022 年 3 月 22 日网络首发。

17. 中国卫星导航系统管理办公室测试评估研究中心，见 www.csno-tarc.cn。

18. 高为广、苏牡丹、郭树人、贾小林、赵齐乐：《北斗系统空间信号精度测试与评估》，《第四届中国卫星导航学术年会论文集——S6 北斗 /GNSS 测试评估技术》，2013 年。

19. 中国日报网：《“智慧牧场”让新疆农牧民省心省力》，2021 年 4 月 22 日，见 https://baijiahao.baidu.com/s?id=1697732831850156913&wfr=spider&for=pc。

20. 中国日报网：《北斗三号全球卫星导航系统短报文助力宇宙探

测》，2021 年 1 月 22 日，见 https://baijiahao.baidu.com/s?id=1689578853616480972&wfr=spider&for=pc。

21. 空天信息：《陈芳允：竭诚为国兴，努力不为私寻踪空天精神》，见 https://mp.weixin.qq.com/s/yX88WJnWBAQElboJrzDKSg。

22. 卢鋆：《北斗完成全球组网意味着什么?》，《网络传播》2020 年第 6 期。

23. 杨元喜主编，谢军、常进、丛飞：《北斗导航卫星》，国防工业出版社 2022 年版。

24 孙家栋、杨长风主编：《北斗二号卫星工程系统工程管理》，国防工业出版社 2017 年版。

25. 杨宇飞：《利用星间链路提升北斗 PNT 服务空间信号精度理论与方法研究》，战略支援部队信息工程大学博士学位论文，2019 年。

26. 刘成、高为广、潘军洋、唐成盼、胡小工、王威、陈颖、卢鋆、宿晨庚：《基于北斗星间链路闭环残差检测的星间钟差平差改正》，《测绘学报》2020 年第 9 期。

27. 杨长风、陈谷仓、郑恒等：《北斗卫星导航系统智能运行维护与实践》，中国宇航出版社 2020 年版。

28. 中国科学技术馆：《北斗芯片都是“中国芯”!》，2020 年 10 月 17 日，见 https://baijiahao.baidu.com/s?id=1680795091632208760&wfr=spider&for=pc。

29. 杨元喜主编，杨慧、赵海涛等：《北斗导航卫星可靠性工程》，国防工业出版社 2021 年版。

30. 张湘熠、国际、高为广、苏牡丹、王凯：《我国自主导航芯片产业的发展历程研究》，《第十二届中国卫星导航年会论文集——S02 导航与位置服务》，2021 年。

31. 北京北斗星通导航技术股份有限公司主页，见 https://www.bdstar.com。

32. 广州海格通信集团股份有限公司主页，见 https://www.haige.com。

33. 深圳华大北斗科技股份有限公司主页，见 https://www.allystar.

com/ 发展历程。

34. 人民资讯：《新时代的北斗世界一流》，2022 年 11 月 5 日，见 https://baijiahao.baidu.com/s?id=1748596213860934512&wfr=spider&for=pc。

35. 卢鋆：《兼容共用，北斗与世界携手》，《今日中国》2020 年第 7 期。

36. 杨长风等：《北斗卫星导航系统规模应用国际化发展战略研究》，《中国工程科学》2023 年第 2 期。

37. 杨长风、卢鋆：《加快建设下一代北斗系统　筑牢国家时空信息服务重要基石》，《中国网信》2022 年第 5 期。

38. 杨元喜、任夏、贾小林、孙碧娇：《以北斗系统为核心的国家安全 PNT 体系发展趋势》，《中国科学：地球科学》2023 年第 5 期。

后 记

距离 2020 年 7 月 31 日习近平总书记宣布北斗三号全球卫星导航系统正式开通已经两年有余，让全体北斗人振奋和喜悦的是北斗卫星导航系统应用已经全面开花结果，在人民生活及各行各业中发挥了重要的甚至是不可替代的作用。作为北斗从业者，一直酝酿着想把这份荣光分享于众人，遂撰此书。

书中的小北既是几位作者的缩影，或许也是正在读此书的你的影子，那份对北斗知识的好奇、对北斗应用的感慨、对北斗先驱的敬佩都凝结于书中。本书借小北之口，把北斗应用变成故事，分享给众人，希望能让更多的人了解北斗系统、感知北斗应用、感受北斗大国重器的价值所在！北斗卫星导航系统应用的范围之广，已远超建设初期想象，但北斗卫星导航系统应用的脚步从未停歇，北斗以及以北斗为核心的国家综合定位导航授时体系前景更加广阔！

作为红蓝融合的成员以及坚定的追随者与实践者，本书的顺利完成，得益于红蓝融合给予作者的滋养与力量，也得益于传统中国红与太空科技蓝在新时代的有机结合和深度融合。“春种一粒粟，秋收万颗子”，倘若没有遇到红蓝，没有红蓝的激活、圆梦、感动，就不会有在繁忙工作之余，笔耕不辍、日积月累成此书稿。

作为科研工作者，学习同行的经验和做法已成为习惯。网络、书籍、文件报告，研讨交流的心得体会，国内外尖端的科研成果和学术研究成果，每次都如获至宝地记录下来，不时参阅体味。书中的案例，有的是本单位、本系统的优秀成果，有的是兄弟单位的成功实践。书中所引用的国内优势企业网站资源，有的列入了参考书目，有的没有列入，在此均表示特别感谢。由于作者疏漏，不及一一列出，敬请谅解。

本书从酝酿至成稿近三年，书稿从确定思路，到行文风格，再到完成全文撰写，得到了诸多同志的倾心帮助，在此对他们一并表示感谢。卢鋆拟定了全书编写提纲、各篇编写思路以及要点，北斗系统副总设计师郭树人研究员对全书全程指导把关。张爽娜、卢鋆、崔志颖、张弓、陈颖、靳舒馨负责第一篇的撰写，卢鋆、张爽娜、高为广、崔志颖、王威、苏牡丹负责第二篇的撰写，张弓、耿润森、杜娟、李星、宿晨庚、李罡、蔡洪亮、姜坤负责第三篇的撰写。全书由崔志颖统稿整理。

本书的出版得到了人民出版社策划编辑团队的大力支持，

在此对他们以及所有编辑、校对和录入工作人员表示感谢。

鉴于本书内容专业性强又兼具大众科普之责，有不妥之处，敬请读者斧正。

作　者

2023 年 6 月于北京

策　　划：陈晶晶
责任编辑：陈晶晶
装帧设计：林芝玉
插　　画：拾　光

图书在版编目（CIP）数据

北斗在天　用在身边 / 卢鋆 等著 . — 北京：人民出版社，2023.7
ISBN 978 – 7 – 01 – 025756 – 3

I. ①北…　II. ①卢…　III. ①卫星导航 – 全球定位系统 – 中国 – 普及读物
　IV. ① P228.4 – 49

中国国家版本馆 CIP 数据核字（2023）第 100653 号

北斗在天　用在身边
BEIDOU ZAI TIAN YONG ZAI SHENBIAN

卢 鋆　张爽娜　张 弓　高为广　王 威　著

人民出版社 出版发行
（100706　北京市东城区隆福寺街 99 号）

北京中科印刷有限公司印刷　新华书店经销

2023 年 7 月第 1 版　2023 年 7 月北京第 1 次印刷
开本：710 毫米 ×1000 毫米 1/16　印张：19.5
字数：207 千字

ISBN 978 – 7 – 01 – 025756 – 3　定价：68.00 元

邮购地址 100706　北京市东城区隆福寺街 99 号
人民东方图书销售中心　电话（010）65250042　65289539